张笑恒 著

熬得住出彩
熬不住出局

民主与建设出版社

图书在版编目（CIP）数据

熬得住出彩，熬不住出局 / 张笑恒著. -- 北京：民主与建设出版社，2017.4（2023.8重印）
ISBN 978-7-5139-1494-9

Ⅰ.①熬… Ⅱ.①张… Ⅲ.①成功心理 – 青年读物 Ⅳ.① B848.4-49

中国版本图书馆 CIP 数据核字（2017）第 078931 号

© 民主与建设出版社，2017

熬得住出彩，熬不住出局
AODEZHUCHUCAI AOBUZHUCHUJU

出版人	许久文
著　者	张笑恒
责任编辑	刘树民
封面设计	仙境书品
出版发行	民主与建设出版社有限责任公司
电　话	（010）59417747　59419778
社　址	北京市朝阳区阜通东大街融科望京中心 B 座 601 室
邮　编	100102
印　刷	三河市华润印刷有限公司
版　次	2017 年 7 月第 1 版　2023年8月第2次印刷
开　本	880 mm×1230 mm　1/32
印　张	8
字　数	200 千字
书　号	ISBN 978-7-5139-1494-9
定　价	36.00 元

注：如有印、装质量问题，请与出版社联系。

CONTENTS

目录

第一章
人生熬得住，方有大境界

002　　　　　　吃苦的人，是没有悲观的权利的
006　　　　　　最不幸的人，其实也是最幸运的人
009　　　　　　承受痛苦的容器大了，生命的宽度也增大了
013　　　　　　没有人能真正拯救你，除了你自己
016　　　　　　有强大的自信心，才能熬得住漫长的黑夜
020　　　　　　点起勇气的火把，去照亮前行的路
024　　　　　　积极暗示的力量，能让梦想开花
028　　　　　　知道自己去哪里，全世界都为你让路

第二章
熬是人生最深的滋味

032　　　　　　痛苦对每个人都是公平的
036　　　　　　曲线人生，走弯路才是人生的常态
040　　　　　　虽然孤独，仍有欢喜
044　　　　　　含泪播种的人，一定能含笑收获
048　　　　　　没有奋斗的青春，你拿什么致敬
051　　　　　　哪怕再难，也要把日子过成诗

054　　　　　历经坎坷曲折，才看得到峰顶的风景
057　　　　　　　　没有伞的孩子，只能加速奔跑

第三章
人生难走的路都是上坡路

062　　　　　　　生活从来不会亏待熬得住的人
067　　　　　　磨破手掌，才能配得上别人的鼓掌
072　　　　　　　每一次煎熬，都值得你去铭记
077　　　　　　在竞争的世界里，愿你昂首挺胸
080　　　　　　生活的每一个刁难，都是一种馈赠
085　　　　　　你受的苦，终将会照亮你未来的路
088　　　　　　别让以后的你，痛恨不努力的曾经
093　　　　没有改变不了的未来，只有不想改变的现在

第四章
熬得住出彩，熬不住出局

098　　　　　　　　人生从来都没有真正的绝境
102　　　　　　　　　别在想象中，把困难放大
106　　　　　　　　不要因为恐惧，就选择了逃避
110　　　　　　　　　真正能打败你的唯有你自己
113　　　　　　　你远比自己想象的要坚强百倍
117　　　　　如果最坏的情况你都能接受，那还怕什么

121　　　　　　　没有计划的人一定被计划掉
125　　　　　　　生命的奖赏从来不在起点

第五章
任何一种经历,都是一种造就

130　　　　　　　生命经过淬炼才能展现华美
134　　　　　　"心想事成"是对一个人最无情的待遇
138　　　　　　你不够成功,是因为你失败的次数还不够多
142　　　　　　　没有否定,比没有肯定更可怕
146　　　　　　总有一天,你会感谢昨日的磨砺和坎坷
150　　　　　　愿日后你能欣慰地谈起你的孤独
154　　　　　　　努力过的青春,才是醇美的酒
162　　　　　　这个世界上,谁的成功都是有原因的

第六章
成功无捷径,总要慢慢地熬

168　　　　　　　浮躁,是成功路上的绊马索
172　　　　　　　耐得住寂寞,成得了大事
176　　　　　　既然无法逃避,不如勇敢面对
181　　　　　　步步为营,才能赢得人生这盘棋
185　　　　　　　青春是一场刻骨的历练
190　　　　　　那些成功的人,都曾经历沉默的时光

| 194 | 别着急,属于你的岁月都会给你 |

第七章
出彩的人,要熬得住没有星空的夜晚

198	破茧成蝶,痛苦的时候正是你成长的时候
202	不拼尽全力,就没有资格说放弃
208	做一个坚硬的鸡蛋,和未来死磕到底
213	实现人生的另一种可能,唯有努力这一条路
217	再漆黑的夜晚,也终将会迎来翌日的阳光
221	为了生命最美的际遇,努力奔跑吧
225	你必须承受住成功之前的寂寞

第八章
你的坚持,终将美好

228	熬得住,就是意味着一切
231	多一分煎熬,就多一分强大
234	除了你自己,没有人能够放弃你
238	唤醒你的潜能,生命就有另一种可能
240	咬紧牙关,人生没有过不去的坎儿
243	不对自己狠心,生活对你将会加倍狠心
246	获得奖赏的,都是能够战胜自己的人

第一章

人生熬得住，方有大境界

吃苦的人，
是没有悲观的权利的

我们每个人都希望自己的人生一帆风顺，没有苦难，但这是不可能的。人生难免会遇见各种各样的挫折，受到各种各样的打击，只有熬得住的人，才有出彩的机会。

因为失恋而痛苦，因为失业而痛苦……在各种痛苦之中，我们难免会产生悲观情绪。有的人会从悲观中解脱，选择自强，化茧成蝶，走向成功；有的人则会在悲观中沉沦，品尝更多痛苦……

曾经有一头驴子，被卖给了屠夫。屠夫把驴子拴在了一根很粗的木桩上，准备过一会儿就把驴杀掉。驴本来很想逃跑，可是看了看那根木桩，实在太粗，于是觉得自己肯定挣脱不开，跑不掉了，最终认命了。过了一会儿，屠夫走过来把驴从木桩上解下来，准备牵去屠宰。这时候，突然刮来一阵大风，木桩一下子便断掉了。原来木桩早已被蛀虫蛀空了！连一阵大风都经不起！驴子眼睁睁地看着断掉的木桩，后悔不已。

当我们悲观地以为某件事情不可能做到时，大脑中就会找出很多不可能完成的理由，就等于是在自己的脑子里不断预演失败的结局。因为终归是失败，便不会去做了，这样换来的必定是绝对的失败。

"吃苦的人没有悲观的权利。"这句话是伟大的哲学家尼采的名言。在苦中悲哀是人之常情，已然受苦，再去剥夺悲观的权利岂不是太过无情了吗？但有道是："悲观的人，先把自己打败，再被生活打败。在悲观的人眼里，原来可能的事也变成了不可能。悲观只能产生平庸，从平庸的人那里，我们很容易找到阴郁的影子。"悲观对于我们的人生无济于事，而且会让我们的生活变得更糟，让我们变得经常自怨自艾，或心境悲哀、待人冷漠等。身在苦中的人，若是悲观，不仅会失去生活或者作为个人的乐趣，甚至会走上沉沦的道路，一蹶不振。就算有走出苦难的机会，因为悲观，也会错过。

李敖曾经说过："不怕吃苦，吃苦半辈子。怕吃苦，吃苦一辈子。"人生就在悲观和自强中做着选择。因此，受苦时，应自强不息，接受苦难，奋起拼搏。

一个30岁的男子，家庭幸福，和别人合伙经营的公司也正一步步进入正轨。但天有不测风云，他的妻子突然患上一种罕见的绝症，他倾其所有，想挽救妻子的生命，但是，在苦苦撑过4个月后，妻子撒手人寰。

更不幸的是，由于照顾妻子，公司疏于管理，合伙人背叛了他，卷走了公司所有的资金，债主们纷纷上门讨债。面对突如其来的灾难，他对人生产生了悲观，于是绝望地选择了自杀，胡乱地吃下了一大把药，可在昏睡了两天后，却并没有死。他觉得上天对他太不公了，连死都这么不易。他跑到一个朋友那里哭诉自己的遭遇，朋友一番安慰后，对他说："如果你选择悲观地自杀，那么，你的人生就就此终结了；如果你选择坚强，你就可以继续奋斗，以后还会取得成功。"他的朋友还答应他暂时帮他偿还债务。

听了朋友的话，他猛然惊醒，擦掉悲戚的泪水，坚定地说："我再也不会去死了，那样我就会昧了良心，太对不起朋友的情谊。"从朋友家出来后，他开始了漫漫的还债之路。

几年后，凭借着自己的努力和朋友的帮助，他终于还清了上百万的欠款，当初濒临倒闭的公司也获得了重生。

在还债的日子里，他吃了许多的苦、受了太多的罪，可他再没有悲观过，他活得自尊、踏实，也赢得了人们的尊敬。

悲观放大痛苦，不要悲观地看待自己的苦，受苦时，可能会痛彻心扉，可能会寂寞难耐，但如果沉浸于悲哀之中，无法自拔，那就再也走不出苦难的深渊；倘能乐观面对，痛定思痛，把受苦看成磨炼心志的经历，则可以在受苦之中有所收获。

在受苦中，非但不应悲观，而且要比别人更加积极。著名的演说家皮尔博士曾经提出一个有趣的概念："把'NO'变成'ON'。""NO"代表着"不"，代表着失败、拖延，简言之，"NO"代表着悲观。字母颠倒一下，则成了"ON"，代表着行动、前进，也就是乐观。在受苦中说"NO"，则会停在痛苦中；在受苦时说"ON"，则会走出痛苦。

普希金说过:"不要悲伤,不要心急,忧郁的日子里须要镇静。相信吧!快乐的日子将会来临,心儿永远向往着未来,一切都将会过去!"常言道:"苦尽甘来。"如若奋斗,受苦必定成为幸福的开始。

最不幸的人，
其实也是最幸运的人

有的人为自己找不到好的工作而懊丧，有的人为自己失去了成功的机会而自责，也有的人觉得自己生活困苦，不断抱怨自己不幸的生活。没有人会热切盼望不幸缠绕自己一生，然而，一位智者说过："没有苦难的人生不是真正的人生。"

粗壮高耸的大树，其挺拔的身姿是在狂风暴雨中成长起来的；精致的宝剑，其锋利是在铁匠手里千锤百炼而造出来的。一个不容忽视的现实是：顺境中的人往往"苗而不秀，秀而不实"。那是因为温室里的幼苗经不起风吹雨打。中国有一句谚语："富贵不过三代。"其说的意思就是在顺境中成长的富二代定经不住社会的各种考验，最终败光家产。《红楼梦》中讲的贾府的没落就充分证明了这一点。从这个角度上讲，幸运反倒成了不幸。

火石不经摩擦、击打就不会迸发出火花，同样，人若不遭遇苦难，生命之火就不会绚烂。苦难并不可怕，它可以培养人的意志，给人信心、毅力和勇气。不曾跌倒的人，怎么会知道跌倒的滋味呢？又怎会知道跌倒了该如何爬起来？对于一个人来说，苦难确实是无情的，但如果你能充分利用苦难这个机会来磨炼自己，苦难则会馈赠给你更多。要知道，勇气和毅力正是在这一次次的跌倒、爬起的过程中增长的。

由此看来，经历苦难并不是一件坏事；相反，它是成功人生必经的阶段。可以说，苦难是一种财富，是未来人生的本钱。

帕格尼尼，世界超级小提琴家，4岁时得了一场麻疹和强直性昏厥症；7岁患上严重肺炎，只得大量放血治疗；46岁因牙床长满脓疮，拔掉了大部分牙齿；其后又染上了可怕的眼疾；50岁后，关节炎、喉结核、肠道炎等疾病折磨着他的身体与心灵；后来声带也坏了。他仅活到57岁。

然而，他身体上的不幸并没有将他击垮。他从13岁起，就在世界各地过着流浪的生活。他曾一度将自己禁闭，每天疯狂地练琴，几乎忘记了饥饿和死亡。

这样的一个人，奏出了最美妙的音乐。3岁学琴，12岁开了首场个人音乐会。他令无数人陶醉，令无数人疯狂！

乐评家称他是"操琴弓的魔术师"。歌德评价他："在琴弦上展现了火一样的灵魂。"李斯特大喊："天哪，在这四根琴弦中包含着多少苦难、痛苦与受到残害的生灵啊！"

苦难净化心灵，悲剧使人崇高。也许上帝成就天才的方式，就是让他在苦难这所大学中进修。他的不幸，反而成就了他的名声！他到底是幸运还是不幸呢？

季羡林曾经说过:"走运与倒霉,表面上,似乎是绝对对立的两个概念。世人无不想走运,而绝不想倒霉。其实,这两件事是有密切联系的,互相依存的,互为因果的。走运有大小之别,倒霉也有大小之别,而二者往往是相通的。走的运越大,则倒的霉也越惨,二者之间成正比。中国有一句俗话说:'爬得越高,跌得越重。'形象生动地说明了这种关系。"

孟子曰:"天将降大任于斯人也,必先苦其心志,劳其筋骨,饿其体肤,空乏其身,行拂乱其所为。所以动心忍性,曾益其所不能。"世界上但凡有成就的人,没有一个是不经历不幸的人,按照季羡林先生的逻辑来讲,遭遇的不幸越大,这个人的幸运越大。比如曹雪芹家道中落,直至一贫如洗,却成就了旷世奇作《红楼梦》;林肯一生经历无数挫折,却终成美国历史上最伟大的总统之一。

遭遇贫穷,我们能懂得珍惜;遭遇失败,我们能吸取教训;经历坎坷和挫折,我们能更深刻地了解人生。人生中必定会有各种各样的不幸降临,有些不幸,来得晚不如来得早。趁着年轻,不怕煎熬。

只要不倒在不幸之中,不怨天尤人,这些不幸的遭遇就会成为我们人生中的至宝,使得我们获得人格上的成熟与伟岸、意志上的顽强和坚韧、对人生和生活的深刻认识。人生中的不幸遭遇本就是生命中不可不观看的风景。这道道风景给人无数感悟,让人得到锻炼的机会。

承受痛苦的容器大了，
生命的宽度也增大了

在日常生活中，许多人总感觉自己活得很累，总有排解不完的苦恼。比如丢了一个东西，不管值钱还是不值钱，也总会纠结个没完没了。这种小事太多，痛苦也便不计其数了。究其原因，肚量小、心胸狭隘、斤斤计较是他们感到痛苦的真正原因。

牛根生说："一个人之所以快乐，不是因为他拥有的多，而是因为他计较的少。"一个心胸狭隘的人，对很多事情心怀不满，肯定会成天闷闷不乐、痛苦不堪。

有一个小男孩不小心把手放在了茶几上的大花瓶里。这是一只上窄下阔的花瓶，所以他的手伸了进去，但抽不出来。母亲用了很多方法都拉不出他的手来，他还直喊手疼，嗷嗷地大哭。母亲没有办法，只好狠心把名贵的花瓶砸碎。砸碎之后，才发现男孩的手里紧紧攥着一枚硬币不肯松开，这才是男孩的手抽不出来的根本原因。

很多时候，我们陷入煎熬不能自拔，不是因为我们所遭遇的不幸比别人多，而是因为心太小，就像小男孩攥着硬币不放手，因为放不下痛苦，总想着痛苦，心里就满是痛苦——我们无意中就把痛苦给放大了。

有一个农妇，不小心打破了一个鸡蛋，这本是一件再平常不过的小事。但是，这个农妇是一个心胸非常狭窄的人，她没有仅仅停止于对鸡蛋本身的思考，而是将自己的思路一直延伸了下去：一个鸡蛋经孵化后就可变成一只小鸡，若孵出来的是母鸡，长大后又可以下很多的蛋，蛋又可孵出很多鸡，而鸡又会下蛋，蛋又能孵鸡……最后，农妇大叫一声：“天哪！我失去了一个养鸡场。"可以想象，农妇会因失去一个鸡蛋而感到多么痛苦。

有些人常常是沿着痛苦的思路往下想，于是越想越痛苦，越痛苦还越往下想。不幸已经发生，还是不断地去想，如果拥有该怎么样，如果得到该怎么样……心胸太小，装不下一点儿痛苦；计较心太重，承受不了一点儿挫折。

从心理学上讲，放大痛苦是一种不合理的自我想象，是对不利事件的不利后果的夸大，是一种灾难化的思考模式，会影响人的判断能力，甚至影响人的健康。曾有个老人，什么病也没有，但在一次体检时，发现胆囊里有块息肉。这成了他的心病，听说息肉在胆囊里有可能癌变，他又是找大夫，又是查资料，后来又找算命先生给他算命，算命先生说他不长寿。他暗自捉摸，我不长寿，可能就是因为胆囊中那块息肉在作怪。于是，他在一家小医院做了胆囊摘除手术，却不幸在手术事故中亡故。

很多时候，问题并没有糟糕到极端的程度，困难不可怕，人生也没那么痛苦，可怕和痛苦的是心胸放不开，导致困难显得可怕，人生显得痛苦。

从前有一位大和尚，他有一个徒弟每天愁眉苦脸的，总是喋喋不休地抱怨生活。有一天，大和尚看到小和尚又是一脸愁容，就让他去取一些盐回来。小和尚很不情愿地把盐取了来。大和尚让他把盐倒进水杯里，搅拌使其溶化，然后喝一口。徒弟喝了一口立即吐了出来，皱着眉说："咸死了。"

于是大和尚让小和尚带着一些盐和自己一起来到湖边，他让小和尚把盐撒进湖水里，又对小和尚说："现在你喝点儿湖里的水。"小和尚喝了一口湖水。大和尚问："还咸吗？"小和尚说："不咸了，很清凉。"

于是，大和尚坐在这个喜欢自怨自艾的徒弟身边，意味深长地说道："其实人生的苦痛和悲伤就如同这些数量有限的盐，而这些痛苦和悲伤的程度取决于我们承受痛苦和悲伤的容器的大小。所以，当你感到痛苦和悲伤时，就把你的容器放大些，不是一只水杯，而是一个湖，那样你就不觉得痛苦和悲伤了。"

可见，心胸的大小与痛苦的大小是成反比的。如果一个人心胸狭隘，那么他心里就会有许多事情想不通，就会产生许多的抱怨，痛苦也便随之变大。三国时期的周瑜因心胸狭窄，见不得诸葛亮比自己聪明，最后活活把自己气死了。如果一个人心胸宽广，那么他就能不去计较一些得失，他心里的痛苦就会消失不见了。范仲淹正因为心胸宽广，不计得失，才有了"不以物喜，不以己悲"的感慨。

生活中，谁都难免犯错，谁的人生都不可能十全十美。林则徐说："海纳百川，有容乃大；壁立千仞，无欲则刚。"做一个心胸宽广的人，没有什么是熬不过去的。当你放大了承载痛苦的容器，痛苦自然也便淡了。

没有人能真正拯救你，
除了你自己

一个人去庙里求菩萨解除自己身上承受的苦难，突然发现身边跪着一个人像极了庙里的菩萨，于是就问道："您是菩萨吗？"跪着的人说："是的。"那人奇怪地问道："那您为什么跪在这里？"跪着的人说："求人不如求己。"

无论在什么时候，外人的帮助总是没有自己的努力有效果。有句话说得很好："世界上没有什么神仙皇帝，救世主就是我们自己！"有的人遇见困难和挫折，会积极想办法努力进行自救；有的人却只把希望寄托在别人的救助上，最终错失自救的良机。对待苦难和挫折的态度不同，最后的结局也必然不同。

"倚立而思远，不如行之必至。"路要自己走，生活要靠自己创造。一味依靠、信赖别人的人，只会等来失败。积极地创造条件改变自己的命运，就能打败困难，走出困境。

一个人在屋檐下躲雨，看见一个和尚正打伞走过，这人就说："师父，普度一下众生吧！带我一段如何？"

和尚说:"我在雨里,你在檐下,而檐下无雨,你不需要我来度你。"这人立刻跳出檐下,站在雨中:"现在我也在雨中了,该度我了吧?"

和尚说:"我也在雨中,你也在雨中。我没有被雨淋,是因为有伞;你被雨淋,是因为无伞。所以不是我度自己,而是伞度我,你不必找我,请自找伞!"说完便走了。

心理学家指出,由于人自身的惰性和不自信在作怪,每个人都有某种程度上的依赖心理以及附和倾向,而这正是我们取得突破或者克服困难的障碍。所以,如果不甘于平平庸庸、碌碌无为,如果想走出自己正在面临的困境,那么,就要努力去抑制自己的依赖心理,培养独立的性格,养成凡事都要靠自己的习惯。而且,每个人都是自私的,求别人时,别人也不一定会帮助我们,即使会帮助,也一定不会像我们自己对自己那么好。

著名教育家陶行知先生有一首诗是这样写的:"滴自己的汗,吃自己的饭,自己的事情自己干,靠人靠天靠祖上,不算是好汉。"父母都不可能依靠一生一世,更何况他人!人一定要自立,只有这样,未来才有保障。

俞敏洪当年认为办培训班是一个看来困难重重、实际上前途无限的机会,而已经认准了这条路的俞敏洪也绝对不会因为北大的一纸处分而轻易放手。在创业之初,他经常一个人满大街地贴招生广告。数九寒天,俞敏洪手中的糨糊都结成了冰。有时他实在冷得受不了了,就掏出揣在怀里的二锅头抿上一口,然后继续把广告贴下去,"实际上,身体上的痛苦还能够忍受，但精神上的挫折却几乎让我丧失信心"。

俞敏洪曾经参加过三次高考才考上了北大，那时候他养成了坚韧的品格和鼓励自己的习惯，他说过："没有人鼓励，就自我鼓励。"在创业过程中，他再次用早已养成的坚韧品格挺过了最艰难的时期。

当不幸降临，我们无路可走的时候，必须紧紧地依赖自己，靠自己的力量跨过坎坷。世界上没有无法克服的困难，只要我们愿意发挥我们的主观能动性，必定能找出克服困难的方法。"感动中国"的洪战辉在家庭十分困难的环境下发奋读书，实现了上大学的梦想。在大学读书期间，他把十一二岁的妹妹带在身边，一边读书，一边扶养妹妹。面对重重困难，他没有苦等他人救助，也没有怨天尤人、自暴自弃，而是用顽强的精神去克服和战胜了暂时的困难。

易卜生先生说："世界上最强大的人就是独立的人。"而依赖他人，就像那围绕大树生长的藤条，一旦大树倒下，依靠它的藤条必定不能生存。中国有句俗话："自己动手，丰衣足食！"居里夫人也说："路只有靠自己走，才能越走越宽。"只有自己才能拯救自己。想要把自己拯救出困境，就不能依靠别人的施舍，而需要自己打拼；想要把自己拯救出平庸，就要相信自己的力量，用自己的双手谱写人生妙曲。

自己的命运掌握在自己的手中。发挥自己的潜能，通过自己的努力克服困难。只有这样，我们才能越来越强大。

有强大的自信心，
才能熬得住漫长的黑夜

美国哲学家爱默生说："人的一生正如他一天中所设想的那样，你怎样想象，怎样期待，就有怎样的人生。"其意思就是，一个人相信自己是什么，就会是什么；一个人心里怎样想，就会成为怎样的人。

西班牙作家塞万提斯认为："丧失财富的人损失很大，可是丧失自信的人什么都完了。"当我们不断遭遇失败时，我们会怀疑自己的能力，被自卑感所打倒，于是我们的生活便会黯淡无光，从而使得我们的人生真正失败了。自信给人以力量，给人以快乐，无论如何，我们都不能丧失自信。

有一个女孩叫艾丽莎，她非常美丽，但是她总觉得没有人喜欢自己，总担心自己嫁不出去。尽管她有一个理想——和一位潇洒的白马王子结婚、白头偕老，但她却总认为自己的理想实现不了。

终于，她去找了一位有名的心理学家，一脸愁容地对他说："我已经没有指望了，我是世界上最不幸的女人。"

心理学家对艾丽莎说："艾丽莎，我会有办法的，但你得按我说的去做。"他要艾丽莎去买一套新衣服，再去修整一下自己的头发，要打扮得漂漂亮亮的，并告诉她星期一他家有个晚会，他要请她来参加。

星期一这天，艾丽莎衣衫得体、发式合适地来到了晚会上。她按照心理学家的吩咐，露出自信的微笑和客人打招呼、帮客人端饮料。她在客人间来回奔走，始终在帮助别人，完全忘记了自己。慢慢地，她融入了进去，笑容也变得特别亲切、自然。晚会结束时，同时有三位男士自告奋勇要送她回家。

在随后的日子里，这三位男士热烈地追求着艾丽莎，她终于选中了其中的一位作为自己的结婚对象。不久，在婚礼上，有人对这位心理学家说："你创造了奇迹。""不，"心理学家说，"是她自己创造了奇迹。她重新找回了自信，事实上她本来就那么美丽。所有的女人都能拥有这个奇迹，只要你想，你就能让自己变得美丽。"

自信能够让我们脱离痛苦和悲伤，使得弱者变强，强者更强。莎士比亚说："一个人的心灵如果受到鼓舞，即使器官已经萎缩，也会从沉沉的麻痹中振作起来，重新开始活动，像蜕了皮的蛇一样获得新生的力量。"

在文学名著《简·爱》中，家财万贯、性格孤僻的庄园主罗杰斯特就是因为简·爱的自信、自尊的人格魅力而爱上了她。简·爱不因自己的贫穷和相貌平平而痛苦,反而充满了自信:"你以为我穷,长得不漂亮,就没有感情吗?……我们的精神是平等的,就如同你和我将经过坟墓,同样地站在上帝面前。"一个人越自信,他的性格就越迷人。增加几分自信,我们便增加了几分魅力。

有一次,一个法兰西士兵骑马为拿破仑送来一份战报。因为赶路太过匆忙,士兵的马被累死了。拿破仑见了士兵之后,立刻下马,让士兵骑自己的坐骑火速赶回前线。这个士兵看看那匹雄壮的战马及宽厚的马鞍,极其不自信地脱口说道:"不,将军,对于我一个平常的士兵而言,这坐骑太高贵、太好了。"拿破仑却回答说:"世界上没有一样东西是法兰西士兵所不配享有的!"

自卑、自贱,往往是不思进取、自甘平庸的主要原因。如果总以为自己的地位太低,别人所有的种种幸福都不属于自己,以为生活上的一切快乐都是留给那些命运的宠儿享用的,不相信自己的能力和命运,那么,我们给自己什么样的理由去奋斗呢?没有理由去奋斗,也便不会奋斗,也便将永远活在痛苦之中了。

自信心是一种积极向上的乐观精神,给人以脱离痛苦的力量。哈佛大学有位名叫玛瑞丽·格林德尔的女教授,她总是幽默地告诉她的女学生们:"嗨,你们想变成美丽的天使吗,我的孩子们?那就从现在起喜欢你自己吧。"

自信助于我们取得成功,只要我们有自信心,它就会激发我们的潜能。

马尔顿说:"坚决的信心,能使平凡的人们做出惊人的事业。"也许因为某些原因,我们的生活会暂时困苦,我们的处境会暂时艰难,但是只要我们充满自信,相信自己可以做大事,相信未来是美好的,相信"一切皆有可能",那么我们就能充满希望地继续生活,并且实现理想。

点起勇气的火把，
去照亮前行的路

塞缪尔·约翰逊说过："人的勇气能承担一切重负，人的耐心能忍受绝大部分痛苦。"当我们遇到特别难办的事情时，就会不由自主地产生退缩的心理。因为害怕失败，所以裹足不前，不敢去尝试。这时候，我们就会发现，勇气对于我们来说是多么重要的品质。

人感到恐惧时，会本能地选择逃避。当我们的思想被恐惧所阻碍的时候，我们常常会不战而退、不战而败；而当我们无畏地勇往直前时，我们就会把怀疑和恐惧击碎，便会看见成功的曙光。

亨利·福特准备制造 V-8 汽缸引擎时，指示他的工程师去设计图纸，要求把 8 个汽缸放在一起。

图纸很快就画出来了，但是工程师们却异口同声地说："把 8 个汽缸放在一起，是根本不可能的事情。"

"一切皆有可能，无论如何要做出来。"福特坚定地说道。

"但是，那真的是不可能啊！"工程师们坚持说。

"现在就动手去做，不论花多少时间，都必须完成。"福特没有妥协。

工程师们只得着手去做，因为他们知道福特的脾气，若不按照他的话去做的话，就得丢掉饭碗。

时间很快过去了半年，一点儿动静也没有。然后又过了半年，还是没有一点儿进展。工程师们想了一切他们能够想到的办法，都没有成功，很多人都想放弃了，只是不敢提出来。接着，又过了一年，工程师们感到实在没有办法了，只得再次来到福特面前说："那是根本就无法完成的事情。"

"继续做！"没有丝毫商量的余地，福特也毫不在乎多年来赔进去的资金，"我要8汽缸引擎，一定要做出来！"

工程师们只好继续做下去。这一回，他们想到办法了，并很快做了出来，V-8汽缸引擎宣告诞生。

也正是因为亨利·福特的这种不畏艰险，一定要将事情做好的精神和勇气，才使福特公司不论在多么险恶的环境下都能蒸蒸日上，在竞争中立于不败之地。

很多时候，我们想做某事，却始终没有采取行动；想要使自己做出改变，却始终没有着手开始；想要和老板谈谈涨工资，却始终不敢开口；因为害怕承担风险，拒绝了朋友的合伙邀请……让我们一直耽搁的原因就是没有勇气。如果我们及时鼓起勇气，抓住其中任何一次机会，就有可能改变我们的命运。

但丁说："我崇拜勇气、坚忍和信心，因为它们一直助我应付我在尘世生活中所遇到的困境。"当陷入困境时,我们更要鼓起勇气来,不要让恐惧占据心灵,如果我们再继续恐惧下去,很可能就会面临死亡;反之,当我们勇于面对困难、勇敢做出抉择时,就会取得突破。

美国南北战争期间,就在北方的将军们等待条件成熟、等待万事俱备、等待奇迹降临的时间里,南方军在罗伯特·李将军的带领下不断取得胜利,逼得北方军无路可退,甚至整个美洲和欧洲都认为林肯政府完蛋了。

就在这时,格兰特将军出现了。他是一位绝不在困难面前低头的将领。当无数人认为不可能取胜的时候,他坚信能够胜利;当无数人认为应该防守的时候,他采取了主动进攻;当所有人认为应该撤退,甚至产生"求和"念头的时候,他已经挥师南下;当所有人认为条件还不具备的时候,他已经开始自己创造条件。他没有对林肯说"现在条件不成熟""现在时机还没到""现在资源还不够"……而是立即行动,想尽一切办法,创造条件、时机和资源,创造全新的思路和方法,不依靠任何人的指点和督促,并最终完成了林肯交给他的任务——彻底打败了南方军。

雨果说过:"'拿出胆量来'那一吼声是一切成功之母。"如果一个人没有勇气,那么必然会导致行动不自由、不彻底,或者干脆取消一切行动,最终永远不会走出困境,而是深陷其中。勇气能让我们充分相信自己的力量,进而发挥力量。

勇气是强大的后盾，是行动的原始力量。没有创新的勇气，则不能取得任何突破；没有挑战未来的勇气，便不能走向辉煌；没有克服懒惰的勇气，就不能取得任何成就；没有行动的勇气，就不能迈出困境……

成功不是等来的，而是需要我们鼓起勇气主动出击的。如果我们面对一座高山而产生恐惧，那么就不可能翻过这座高山。走向成功的路途中，必然会遇到很多困难和压力，只有以勇气为坚强后盾，把恐惧抛到脑后，勇敢尝试，熬得过去，才能克服一切困难，做一个出彩的人！

积极暗示的力量，
能让梦想开花

心理学家指出："所谓暗示就是指通过人体的语言、行为、心理或者是环境的特殊语言，对人们的心理和行为产生影响的过程。"生活中，我们总是给自己一些消极的自我暗示，比如凡事往坏了想，比如总是纠结于失去的东西等等。这些全是不知不觉中做出来的。

曾有一位皇帝问一位哲学家："谁是最快乐、最幸福的人呢？"哲学家的回答出乎皇帝的意外，他说："谁能这么想、能这么做到，他就是最快乐与最幸福的。"哲学家所说的"这么想"其实就是一种自我暗示，一种有意识的积极的自我暗示。

吉姆找了一份兼职工作，照顾独具老太太的起居生活，并帮她做一些家务事情。

有一天已经很晚了，老太太敲响了吉姆的门："吉姆，我的安眠药吃完了，怎么也睡不着觉，不知道你身边有没有安眠药。"

吉姆睡眠很好，从来就不吃安眠药，突然他灵机一动，就对老太太说："上星期我朋友从法国回来，刚好送我一盒新出的特效安眠药，我这就找出来。您先回去，我一会儿给您送过去。"

老太太走后，吉姆找出一粒维生素片，然后送到了威尔森太太的房间，告诉她："这就是那种新出的特效药，吃了之后一定能睡个好觉。"

老太太高兴地服下了那粒"特效安眠药"。

第二天，老太太对吉姆说："你的安眠药效果非常好，我昨晚吃完很快就睡着了，而且睡得很好，好久都没有这么舒服地睡觉了。那种安眠药你能不能再给我一些？"

吉姆便让老太太继续服用"特效安眠药"，直到一整盒都吃完。事情过去一年多之后，老太太还时常念叨吉姆给她的"特效安眠药"。

对于老太太来说，她的睡眠并不是安眠药的效果，而是自以为自己吃的是安眠药的效果。心理学家马尔兹说："我们的神经系统是很'蠢'的，你用肉眼看到一件喜悦的事，它会做出喜悦的反应；看到忧愁的事，它会做出忧愁的反应。"当我们习惯性的去想象某件事情时，神经系统中便会出现一个既定的心态，我们的习惯是快乐，神经系统中就会拥有一个快乐的心态，我们的习惯是忧伤和抱怨，神经系统中就会拥有悲伤的心态。

暗示有着不可抗拒和不可思议的巨大力量。如果我们经常对自己积极的自我暗示，告诉自己"在我生活的每一方面，都将一天天变得更美好""我的心情愉快"等，那么，我们将会每一天都过得非常快乐。

一个人积极地想着成功，就可能成功，消极地想生命中全是失败，就会失败。自我暗示对人的心理作用很大，有时甚至会创造出奇迹。拿破仑在带兵横扫欧洲之前，曾经在内心想象中"演习"了多年战争。史料告诉我们，拿破仑在上学时做的读书笔记竟然有400页之多。他把自己想象成一个司令，画出科西嘉岛的地图，经过精确的数学计算后，标出可能布防的各种情况。

拳王阿里在每次比赛前都会对着镜头喊："我是最好的！"美国心理学家威廉斯说："无论什么见解、计划、目的，只要以强烈的信念和期待进行多次反复的思考，那它必然会置于潜意识中，成为积极行动的源泉。"

在第22届奥运会上，日本运动员具志坚每次比赛出场前，总要紧闭双目，口中念念有词。男子体操决赛中，中国体操名将李宁、童非，美国体操明星麦克唐纳、康纳斯等相继出现失手，唯独具志坚一路发挥正常，最后夺得全能冠军。

比赛结束后，有记者问他，上场前口中默念的是什么？具志坚笑而不答。一时间，具志坚的"咒语"成了许多人关注的谜。其实，具志坚默念的内容无甚要紧，重要的是，他的这种"默念"，起了积极的自我暗示作用。

成功只会产生于懂得进行积极自我暗示的人身上，失败则根源于那些不自觉地让自己产生失败想法的人自身。世界旅馆业巨头康拉德·希尔顿在拥有一家旅馆之前，很早就想象自己在经营旅馆。

当他还是一个孩子的时候,就常常"扮演"旅馆经理的角色。亨利·凯瑟尔说:"事业上的每一个成就实现之前,都在想象中预先实现过了。"

瓦格纳曾经说过:"快乐不在于事情,而在于我们自己。"常进行积极的自我暗示,我们就能活在快乐之中,并不断靠近成功。

知道自己去哪里，
全世界都为你让路

美国文学家爱默生曾经说过一句很经典的话："一个人只要知道自己去哪里，全世界都会给他让路。"

一个从事职业规划与咨询的朋友曾经说过这样一段意味深长的话："我经过多年的工作经历及观察发现，与微薄的收入和沉重的生活压力相比，更让人内心充满煎熬的是，大批年轻人并不清楚自己内心真正要什么。他们不知道将来要做什么，不知道自己要走向何方，不知道自己在哪里需要坚持，哪里需要放弃。他们甚至还不知道自己喜欢什么、讨厌什么……一直处于一种随遇而安的状态之中，自然就不会去努力，即使有的人努力了，并且取得了一些成就，蓦然回首，也会发觉目前所拥有一切不是自己真正想要的……"

这样的苦恼你遇到过吗？其实不仅仅是刚毕业的年轻人会遇到这样的苦恼，即便是一些工作多年的职场人士，也难免会不知道自己该往哪个方向努力，在现实中迷失了自己。

张女士从事客服岗位近十年了，她很清楚自己在公司已经没什么发展前途了，所以从三年前就有了转行的想法，我们知道，"隔行如隔山"，转行谈何容易？

所以每当想要转行的时候，她又开始留恋自己现在稳定的生活，况且还没想好转行做什么，于是日子就浑浑噩噩地过着，只是偶尔在某个夜深人静的时候想想自己的未来在哪里、出路在哪里的时候，压力油然而生，才开始想出路。

但是这种"晚上想想千条路，白天醒来走老路"的做法，也就决定了她直到现在还没有转行，反而现在那种蠢蠢欲动的想法一次又一次让她感到痛苦，转还是不转，都很苦恼！

如果你总是抱着一种走到哪里算哪里的心态，你只会让自己生活在迷茫中，这种随遇而安的心态并不是豁达，而恰恰是在困难面前怯懦的表现，你真正缺乏的是与生活搏击的勇气，害怕挑战，害怕失败，害怕归零，因此更多的时候选择顺从。

你自己都不知道自己想要什么，命运又怎会给予你想要的东西呢？而当你自己知道自己想要什么的时候，并为之努力，那么，世界就会为你让步。

出任韩国总理的时候，金台镐才48岁，他是近40年来韩国最年轻的国务总理。他小时候家里很穷，在高中时一度想放弃学业，帮助日益苍老、佝偻的父母干活，但遭到了父亲的坚决反对。

父亲对他说："家里的贫困是暂时的，我扛得住。我只希望你好好学习，相信通过你自己的努力，你会有更灿烂的明天。"

从此，金台镐牢记父亲的教导，他发誓自己一定要做最成功的人，于是，他一头钻进了高中课程的学习中，经过艰辛的努力，他中学毕业后考入了韩国顶级高等学府——首尔国立大学，攻读农学。大学毕业后，他本想继续深造，成为一名学者。

后来，一次机缘巧合，金台镐认识了前总统金泳三的一名高级助手，在对方的影响下选择了公务员工作。做公务员期间，他含辛茹苦，披肝沥胆，一路升迁，直到出任总理，他在民众心中留下的都是新思维、廉洁、亲民、坚韧、勇于挑战等良好声誉。

回忆起自己的成长历程，金台镐说："我身为牛贩的儿子，既没有钱也没有权。仅凭自己坚定的信念，并为之付出努力。我想告诉年轻人，别害怕失败，只要你知道自己想去哪里，世界都会为你让步。"

这是一位总理对年轻人的最好忠告！人生的道路充满坎坷，只要我们自己知道自己该去哪里，我们总会在柳暗花明处，找到属于自己的成长的快乐。带着这种坚定而轻松的心态前行，就一定能找到全世界都会为你让路的智慧和处世哲学。

第二章

熬是人生最深的滋味

痛苦对每个人
都是公平的

生活中，我们总是羡慕别人的生活，悲叹自己的境遇，总觉得别人总是被幸福笼罩着，而自己却被一连串的烦恼与忧愁禁锢着。

比如，工作的人觉得自己工作压力太大，活得太过痛苦，羡慕上学的学生无忧无虑；学生觉得自己很多问题不能自己拿主意，必须要靠父母和老师的管教，羡慕工作的人有很多自主权；年轻人羡慕年老的人退休无事，自己却饱受奔波之苦；年老的人羡慕年轻人精力充沛，自己却不得不面对暮年之痛……

托尔斯泰曾经说过："幸福的家庭都是相似的，不幸的家庭各有各的不幸。"其实，"上帝散布给人间的苦难与月光一样的均等。"在这个世界上，每个人都有各自的痛苦，没有一个人活得容易，而我们眼中的幸福的人，如果真正深入去了解，他们也有他们的不幸，他们也都自己煎熬的时光。如果我们回头看看，也许会发现自己也正在被别人羡慕着，自己竟是别人眼中的幸福人！

一个残疾人来到天堂找到上帝，他抱怨上帝很不公平，为什没有给他一个健全的身体？上帝就给这给残疾人介绍了一个朋友，这个人刚刚死去，不久前才升上天堂。他对残疾人说："珍惜生活吧，至少你还活着。"

一位官场失意的人来到天堂找到上帝，抱怨上帝没有让他得到功名利禄。上帝就将残疾人介绍给他，残疾人对他说："珍惜生活吧，至少你还健康。"

一个年轻人也找到上帝，抱怨上帝没有让他事业有成，上帝就把那位官场失意的人介绍给他，那个人对年轻人说："珍惜生活吧，至少你还年轻。"

有的时候非常奇怪，喜欢放大别人的幸福，放大自己的痛苦，很多人希望成为自己眼里那个幸福的人，逃离自己的苦海。佛陀为了消除人间疾苦，从人间选了100个自认为最痛苦的人，让他们把痛苦写在纸上，然后让他们交换纸条。这100个人交换过手里的纸条后，都大吃一惊，都争着从别人的手里抢回自己的纸条。并悟出了一个道理：我们每个人都认为自己是不幸的，当我们真正看到别人内心深处的痛楚时，才知道自己的痛苦那么微不足道。

痛苦对每个人都非常公平，如果我们果然变成了自己眼里那个幸福的人，同样会看到各种痛苦，因为，无论是谁，都有当背负的十字架，或是家庭，或是自己的未来。

一位青年在美国一家公司做事，他做得非常出色，因此对自己的前途充满了信心。

天有不测风云，金融危机来了，这家公司受到了波及，运转失灵，最终倒闭。

青年的雄心壮志受到了打击，原先的希望化为泡影，对自己的前途一片茫然。他漫无目的地晃荡在大街上，觉得自己是世界上最不幸最倒霉的人。然而，他却没有想到他的公司老板赔掉的更多。

一位中年人开导他说："你很幸运啊，小伙子！"

"幸运？"青年人叫道，"公司倒闭，我什么都没有了，这怎么是幸运呢？我简直是世界上最痛苦的人！"

"你说你是世界上最痛苦的人，那么，和你一起失业的人，他们难道跟你的遭遇不是一样的吗？你的老板不是失去了整个公司吗？你想想，他们是不是都没有你年轻？"中年人接着说道："凡是青年时期受挫的人都很幸运，因为你可以学到如何坚强。如果一直很顺利，到了四五十岁忽然受挫，那才是最大的不幸，如果想翻身，那就难了。"

无论是谁都会有痛苦。无论是贫穷富贵，知识多少，男女老少，都有痛苦。生老病死，飞来横祸，谁都无法避免。一个天天和自己一起快乐生活的人突然离去，公司突然倒闭，突然生一场重病，失业，失恋……无论到哪里，都不可能见到没有痛苦的人。

上帝给予我们的痛苦是公平的，所有人都会遭遇痛苦，而对于我们来说，最大的不幸和痛苦却是我们本身不断地去放大自己身上的痛苦，逐步把自己逼上痛苦的深渊。

痛苦可以对每个人都不公平，因为，对于痛苦，我们不以为苦，便不是苦。上帝给了我们各种角度看待痛苦的能力，给了人们各种走过痛苦的方法。曾经有个年轻人搭出租车到一个生疏的地方。一路上连遇几个红灯，眼看到目的地了，又是红灯。他嘟囔着："真倒霉，老是差一步！"这时出租司机说："不倒霉。上帝很公平，绿灯时我们是第一个走。"

如果我们换一个角度，以积极的心态去看待痛苦，把痛苦当成宝贵的人生经验，在痛苦中不断吸取教训，学习、成长，这也许是希望的开始。

曲线人生，
走弯路才是人生的常态

北京大学教授谢冕曾经说过："顺境是我们的愿望，而逆境则可能是生活中的应有之理，应有之义。不然的话，我们又何必讲'迎接挑战'或'参与竞争'之类的话？"

现在人从小就开始接受各种考验和挑战，通过一次次大大小小的考试完成自己的学业，通过一次次满怀希望的面试找到自己的工作，通过一次次分分离离找到自己理想的伴侣……对于普通人来说，挫折都可谓是"家常便饭"了。

佛学院的一名禅师在上课时把一副中国地图展开，问同学们："图上的河流有什么特点？"

"都不是直线，而是弯弯的曲线。""河流为什么不走直路，偏要走弯路呢？"学僧七嘴八舌：有人说，弯路，为了拉长流程，河流也因此拥有更大的流量，当夏季洪水来临时，河流就不会以水满为患了；又有人说，流程拉长，每个单位河段的流量相对减少，河水对河床的冲击力也随之减弱，这就起到了保护河床的作用……

"都对！"禅师说，"但根本的原因是，走弯路是自然界的常态，走直路反而是非常态，因为河流往前时会遇到各种障碍，无法逾越，只有绕道而行，绕来绕去，避过了一道道障碍，最终抵达遥远的大海。"学僧忽然悟了，说："人生也如河流，坎坷挫折是常态，不必悲观失望，也不必长吁短叹，停滞不前。直闯不过，就换个法子，另辟蹊径，照样抵达遥远人生的大海。"

苏联一位著名作家有一句名言："小孩是经过跌倒再跌倒，才逐渐长大的。"不摔跤，没有疼痛的感觉，又怎么知道怎样防止摔跤？不迷路，没有尝过无路可走的滋味，又怎么知道下次怎样认清方向？没有经历黑夜，又怎么会产生追求光明的欲望？没有经受暴风雨的侵袭，又怎么会有雨过天晴、阳光明媚的梦想？弯路有时必须去走，弯路有时就是财富。

一名屡屡失败的年轻人对于人生已经不抱任何希望，受人的指点，他慕名来到一座古寺，寻求寺里的老禅师的开导。

老禅师用温水沏了一壶茶，放在年轻人的面前，微笑着请年轻人品尝。杯子冒着微微的热气，茶叶在杯中静静地漂浮着。失意地年轻人没有多注意，端起茶杯就喝了起来。

只喝了一口，年轻人就摇摇头说："一点茶香都没有。"老禅师说："这可是闽地名茶铁观音啊，你再尝尝。"年轻人再次端起被子，尝了一口，然后肯定地说："真的没有一丝茶香。"

老禅师于是重新拿了一个杯子，提起水壶注入一线沸水。茶叶翻腾起来，一缕醇厚、醉人的茶香袅袅升腾，在禅房里弥漫开来。老禅师一共注了6次沸水，水杯子终于注满了。

年轻人正在品尝着铁观音的茶香。

老禅师说："用水不同，茶叶的浮沉就不同，温水沏茶，茶叶轻浮水上，怎会散发清香？沸水沏茶，反复几次，茶叶沉沉浮浮，最后释放出四季的风韵，自然清香扑鼻。人生又何尝不是如此，那些不经风雨的人，就像温水沏的茶叶，只在生活表面漂浮，根本浸泡不出生命的芳香；而那些栉风沐雨的人，如同被沸水冲沏的茶，在沧桑岁月里几度沉浮，才有那沁人的清香。"

茶香如此，人生也是如此。需要经历苦难的洗礼，挫折的历练。人生是这样一个过程，最初的我们是包裹着厚厚的外衣的，我们并不了解生活，也不知道怎样生活，一次次挫折让我们把包裹着自己的外衣一件件脱掉，使我们更加深刻认知生活。有人曾经说"走弯路不仅是人生常态，也是一所学校，真理在里面总是变得强有力。"

如果我们选择逃避人生中的弯路，我们将永远不能明白人生的真相，更不可能沿着苦难的人生走下去并取得成功。选择勇敢地面对，我们才能在这些弯路中了解人生，才能更好地走以后的人生之路。

"失败是成功之母"，当我们不断走在弯路中或者不断在失败中穿梭的时候，必然感到迷茫和无助，甚至有切肤之痛，但是当我们度过挫折之后，就具有了看清弯路的眼光，具备了应对失败的能力。爱迪生研究电灯失败了一万多次，而这一万多次实验是必需的，没有这一万次的弯路实验，就不会有最后一次的成功。他自己说："我并没有失败过一万次，我成功的发现了一万种不可行的方法。"

生命中没有一点儿弯路，无论是身体机能，还是心志都会退化，时间久了，就会失去应对挫折和苦难的能力，最终会走上灭亡的道路。所以，弯路其实是上苍赐予我们的最好的礼物，失败也是一样，我们不应该拒绝，而应该欣然接受。

虽然孤独，
仍有欢喜

心理学家指出：人虽然是社会动物，本性却是孤独的。正如张艺谋所说："每人都有孤独感，喧嚣中的人，内心可能是孤独的，这种孤独是与生俱来的，有人多些，有人少些，但内心都渴望被安抚、理解。"没有人愿意与孤独为伴，但只要生活在这个世界上，就逃不掉孤独的纠缠。

孤独固然是痛苦的，很多人无法忍受这种空虚，只要一闲下来，必须找个地方去消遣，如舞厅、KTV、电子娱乐室，或者找人聊天儿等等，自己待在家里时，必定打开电视，没完没了地看粗制节目……实际上，这不过是自欺欺人的做法罢了。孤独并不会因此而远去，越是畏惧孤独的人，孤独越是会"乘虚而入"。

纪伯伦说："孤独是忧愁的伴侣，也是精神活动的密友。"如果把孤独看成痛苦，就会做出那样逃避孤独的徒劳举动，让自己成为寂寞的俘虏；然而，现实生活中常常有这样的体会，在经历一阵喧哗之后，独坐静思，细细品味人生中的某个细节，会感觉神清气爽，心灵舒畅，这时候，孤独则是一种快乐了。

　　周国平说："对于有'自我'的人来说，独处是人生中最美好的时刻和最美好的体验，虽则有些寂寞，寂寞中却又有一种充实。独处是灵魂生长的必要空间。独自沉思的时候，我们从别人和事务中抽身出来，回到了自己，这时候我们面对自己和上帝，开始了自己与心灵以及与宇宙中神秘力量的对话。"

　　和别人约好去旅游，那是到处游山玩水，只有独自面对大海时，才能感受到大海的内涵，只有独自登上山顶时，才能感受到山川的意志，独自面对大自然，才能和大自然真正沟通。正如徐霞客孤独的旅行一般。

　　徐霞客的一生是孤独而又诗意的一生。他22岁离家旅行，三十多年考察主要靠徒步跋涉。他寻访的地方，多是荒凉的穷乡僻壤，或是人迹罕至的边疆地区。

　　他不避风雨，不怕虎狼，以野果充饥，以清泉解渴，他寂寞，却也并不寂寞，因为享受与长风为伍的自在，享受与云雾为伴的生活。他在孤独中找到了自我，他把自己的经历和感悟写进日记里。在残垣老树之下，他倾听大自然的声音，在荒村野寺之间，他独自燃起篝火，享受独处的幸福……

　　有一次，他出游不久，遇到了强盗，行李、旅费被洗劫一空，自己险些丧命。有人劝他回去，并要资助他回乡的路费，他却说："我带着铁锹出来，什么地方都可以埋葬尸骨。"因为他深深地爱上了孤独的乐趣。

善于享受孤独的人与一个人的性格没有关系,意大利电影明星索菲娅罗兰是一个活泼可爱喜欢交朋友的豪爽人,然而她曾在千百万观众面前讲过:"在孤独中,我正视自己的真实感情,正视真实的自己。我品尝新思想,修正错误。我在孤独中,犹如置身在装有不失真的镜子的房间里。"孤独是人们灵魂的过滤器,不断滋补人们的内心,从精神上给心灵补给营养。

周国平还讲道:"独处的确是一种检验,用它可以测出一个人灵魂的深度,测出一个人对自己真正的感受,他是否讨厌自己。"人是一种社会性的动物,需要与他人交往,需要参加一些社会活动,并常常与人沟通,需要爱和被爱,否则就无法生存,世上没有一个人能忍受绝对的孤独。但是,绝对不能忍受孤独的人却是一个灵魂空虚的人。越是不能忍受孤独的人越会经常使自己陷入一种忙碌当中,而这种忙碌往往还带不来任何收益。在忙碌中,人们还容易忘掉自我,越来越害怕正面地去面对孤独,最终丢失自我。

赫胥黎却说:"越伟大、越有独创精神的人越喜欢孤独。"在孤独中,梵·高坚持自己的绘画理想,就算他的父亲都瞧不上他,就算他的朋友都对他无法理解,他依然孤独地坚持,并且终于取得了举世瞩目的成就。

卢梭曾说过:"我独处时从来不感到厌烦,闲聊才是我一辈子忍受不了的事情。"消极地对待孤独，生活是悲哀的；善于和孤独相处，则能发现真正内心的快乐。和孤独交朋友，是一门艺术，也是人生的一种境界。

含泪播种的人，
一定能含笑收获

当你回顾曾经走过的路时会发现，你居然在不知不觉中，到达了曾经梦寐以求的高度，现在的自己，正是年轻时魂牵梦绕过千百回的那个自己。

有一个女孩，她是一家保健品代理公司的客户经理。她是一个普通的农村女孩，2005年高中毕业后，她漫无目的地来到北京，开始了起伏不定的北漂生活。为了租到一间便宜的地下室，她跑了好几个地方比较价格；为了找到一份工作，她也费尽力气，终于，她被北京一家保健品公司聘用做推销员，刚开始的每月底薪只有八百元。

虽然八百元很少，但总算是一个开始。她心里暗暗安慰自己，也下决心要好好工作，争取早日闯出一条路。然而，事情远比她想象中困难得多。

起初，为了推销产品，她频频给客户打电话，很卖力地描述产品的优越性。但是，因为普通话说得不标准，口才也不好，虽然她费尽口舌，推销效果却很不理想。

第二章
熬是人生最深的滋味

曾经一度，她都要放弃这份工作了，但倔强的性格又让她不愿轻易认输。别人能做到的，自己也一定能做到！她在心里鼓励自己，千万要珍惜来之不易的工作，不要轻易放弃。

一次，有位河北的阿姨打电话来，说自己在报纸上看到这种保健品，想咨询一下具体情况。她在电话里费力地向那位阿姨解释了半天，对方却怎么也听不懂。那时，她急得都快掉眼泪了。

当时，她的电话旁边正好放着一沓空白的稿纸，情急之下，她灵光一现，对那位阿姨说："阿姨！这样吧，我给您写一封信吧，在信里，我一定详细地为您介绍我们公司的产品！"

放下电话，她立刻拿起笔来，把保健品的疗效和营养价值工工整整、认认真真地抄写在稿纸上，足足抄了三大页，累得手都酸了。

她的行为惹来同事们的一阵嘲笑，纷纷说她太傻了。因为公司有现成的产品宣传彩页，电脑里也有资料，而她采用写信的方式实在太笨了！她没理会同事们的嘲笑，仔细粘贴好信封，第一时间寄出去。

不久，阿姨又打来一个电话，说希望可以先试用产品，然后再决定是否购买。

这下，她有点犯难了，公司的规定，从来都是先付款，后发货。犹豫了半天，她又做出一个更令人不可思议的决定：自己掏钱买下一份价值五百元的产品，邮寄给顾客试用。

要知道，这五百元几乎是她所有的钱了！她知道这样等于把自己逼上了绝境，但她又不想轻易放弃一次可能成功的销售机会。

产品寄出去的时候，她还在产品包装盒内附了一封信，信里详细注明了保健品的使用方法、注意事项，还用彩笔画了出来。在信的最后，她祝阿姨身体健康，并且温馨提示，因为公司规定提货必须先付款，所以这份产品的货款是自己花钱先行垫付的，如果对使用效果感到满意，请在方便时给她汇款五百元。

把产品寄出去之后，她开始怀着忐忑的心情等待，一天，两天……

就在她渐渐有些失望时，她的手机忽然收到银行的短信提示，有人给她汇了五百元！

更令人惊喜的是，不久之后，这位阿姨打电话来，说自己年龄大了，记性不太好，称赞她的信成了自己的备忘录。

从此以后，这位阿姨成了她的老顾客，而且，还帮她介绍了很多亲友。而她继续坚持用亲手写信的方式和顾客交流，一个月内就用掉了厚厚的两大本信纸……半年之后，她的销售业绩遥遥领先，每月提成加奖金已经达到八千元，比当初的底薪高了10倍！

在公司的一次回访活动中，有人辗转找到了当初的那位阿姨。她说自己当初之所以选定他们的保健品，主要是被她的信感动了。她不怕麻烦，工工整整写来那么长的信。她还特别真诚，敢用自己的工资为顾客"买单"……三年以后的今天，她成了公司唯一一位只有高中文凭的销售主管，年薪达到十万元。

当你羡慕为什么中国首富是马云而不是你的时候，你是否知道，马云经历了多少挫折才达到他今天的高度？很多年轻人之所以崇拜马云，其中很重要的原因，就是马云也曾跟我们一样，是一个普通得不能再普通的人，没有显赫的家庭背景，也没有高大帅气的形象，也没有优秀的学习成绩。他靠的是永不放弃的精神，才有了他的今天，才有了今天的阿里巴巴！

多年以后，功成名就的马云来到他当年一手创立的海博翻译社，题下了四个大字：永不放弃。这四个字依然在海博翻译社的网站首页上赫然在立。它传达着这样一种精神：做任何事情，你可能会碰到很多很多的挫折与失败，但是只要你坚持下去，奇迹总会降临在永不放弃的人身上。

永不放弃，这是阿里巴巴企业文化的核心所在，是马云终生的信仰所在，也同样应该成为我们所有正在创业道路上或即将走上创业道路的人共同的大信念。

每个成功的人在成功之前，难免都会有一段暗淡的时光。此时，你无须害怕，也无须胆怯，只需努力朝着自己的目标大步迈进，然后再付出强于以往三倍的努力，熬过若干年后，你一定会超越现在的自己。

当你回顾曾经走过的路时会发现，你居然在不知不觉中，到达了曾经梦寐以求的高度，现在的自己，正是年轻时魂牵梦绕过千百回的那个自己。

没有奋斗的青春,
你拿什么致敬

有一段时间,微博上特别流行这段话:"当你不去旅行,不去冒险,不去拼一份奖学金,不过没试过的生活,整天挂着QQ,刷着微博,逛着淘宝,玩着网游。干着别人80岁都能做的事,你要青春干吗?"

这句话之所以流行,是因为它能够唤醒我们很多人心底那份早已沉寂的上进心。

时光像一列高速行驶的列车,匆匆而过,等你感觉青春逝去的时候,往往最后悔的是自己不曾为某个目标拼过,留给自己的是无尽的后悔。年轻就是拿来奋斗的,然后才有乐趣,难道不是吗?

青春时期,我们面对未知的未来,会有一些担忧、害怕,但仍然会鼓起勇气,继续前行。青涩的我们就在这一次次的磨砺中成长。

其实,哪一个人不是在跌跌撞撞地前行中成长起来的呢?

一位高僧曾说过:"终归要见山是山,但你们经历见山不是山了吗?不趁着年轻拔腿就走,去刀山火海,不入世就自以为出世,以为自己活佛涅槃来的？我的平平淡淡是苦出来的，你们的平平淡淡是懒惰，是害怕，是贪图安逸。"

正是当初的痛苦难过，造就了现在的成熟淡定。因为奋斗而留下的印记，是荣誉的象征，你永远不必羞耻。

对于德国物理学家阿诺德·索姆费尔德来说，好消息是他多次被提名诺贝尔奖，坏消息是他从未真正得到过。理查德·伯顿也有着相似的命运。他也多次被提名奥斯卡金像奖，但从未真正拿到过。次数多了，也就习惯了！他们的人生不也活得轰轰烈烈吗？毕竟为了自己的目标奋斗过，日后回忆时才能无怨无悔。其实，很多时候，人生的精彩往往取决于你在奋斗过程中义无反顾的决心，你对生活绝不辜负的热爱和对梦想永不气馁的坚定。

不管当初的困难看起来多么不可逾越，你走过来了，你就是人生的赢家。

漫长的一生，谁不曾经历过让自己难过的事情？难过、伤心都是人生无法绕过的坎坷，经历过，纠结过，人才慢慢成熟起来。最怕的是一直停留在过去，陷在让你难过的境遇中不可自拔。之所以这样，大部分原因是你意志薄弱，内心不够强大。

对于每一个年轻人来说，现在是各方面素质最好的几年，无论是身体还是精力，都经得起折腾。人生没有过不去的坎儿，我们应该乐观一些，不要整天杞人忧天，把还未发生的当作现实，否则当事实不如人意时，世界便崩塌了。就像一个作家说的："空想的童话,中间贯穿着敏感而美丽的社会的哀怜,恰如几幅锦绣镶嵌的织物用一根深红的线牢牢地缀成一帖。"

你只是一个普通人,要接纳这一点。

生活是最好的老师,它能教会你很多书本上学不到的知识。你苦苦为一个目标而奋斗,当然会经历一些挫折与痛苦,但正是这些挫折与痛苦,让你明白你要依靠自己,让自己变得更好,让你能够凭借自己的力量重新站起来。

经历过,你的心态就慢慢放开了,看问题的角度变了,可以接受很多事,甚至开始面对挫折时谈笑风生。态度变了,心情自然变了。

年轻时抵御风险的能力不强,却又总喜欢挑战,不惜弄得浑身是伤,在一次次摔打和对抗中让自己变得更强。这些伤害,有时候会让我们措手不及,有时候自己就能康复治愈。仔细想想,生活中的那些磨难算得了什么?我们每一个人不都是从小练习站立、行走,然后不断跌倒,再站起来……直到我们长大成人。而生活给予我们最好的勋章,也许就是这些跌倒后留下的伤疤吧。

人生能够保有那么一点拼搏的激情,是一件多么令人庆幸的事。这代表着我们还有一点希望未曾泯灭,代表着我们还有一些梦想藏在心底。难道不是吗?青春如果不拿来奋斗,还有什么意义?

哪怕再难，
也要把日子过成诗

董伟是一个在广州折腾十多年的人，他是那种一贯果断而勇敢的风格，说来北京就来北京。上学的那时候他不喜欢读书，经常逃课，上初三的时候，父母逼着也不去学校，没办法，只有退学。后来他一个人去广州打工了，也和别人合伙做服装批发生意，可是他被合伙人骗了，积攒多年的钱全没了……

在最艰难的日子里，他甚至没有住的地方，在地下通道里睡了五六天。那时候，他也想回家，可他连回家的路费都没有。从来没有为吃喝愁苦过的人，是无法体会人生真正的艰辛的。

一个人很容易被他人的看法裹挟着前行而迷失自己的方向，也很容易被环境的洪流拍打着举步而破灭人生的希望。太多人的梦想还没绽放，就已枯萎；太多人的生活还没达到高潮，就已草草结束。环境不仅可以扼杀一个人的天赋，更能熄灭一个人的希望之光。

这个世界是宽容的，它可以资助弱者，它可以回馈勤者，它可以赞美大德者，它可以欣赏大美者，但它唯一无法容忍的就是怀揣梦想的漂泊者，似乎这就是对它权威的挑战。

漂泊的人，真正无法面对的不是恶劣的居住环境，不是简陋的衣食，而是无人认同的孤独感，和无法抵御寒冷的单薄的自己。太多的人，被这种非正常的生活状态打击得体无完肤，还没开始挑战就放弃了，他们会觉得这个世界过于无情，而自己手无寸铁。

很多人无法理解：那些漂泊的人为什么放弃唾手可得的安逸的生活，非要在陌生的环境独自一人自讨苦吃？为什么不顾亲人朋友的挽留和心愿，非要义无反顾地去看一看外面的世界？他们无法理解外面的世界跟这里的世界有什么不同，不都是要吃饭、睡觉、结婚、生子吗？他们不懂那些在外漂泊的人的坚持所在，等着看他们的笑话，等着他们失败后落寞回家。

他们不懂这些人曾经背负过多么宏大的愿景，见过多么美丽的风景。如果你曾看见过世外桃源美好的样子，你还愿意放弃吗？

而梦想就是这些人心中的世外桃源，是定义他们本身的一部分，没有这些梦想，他们也就不再特立独行，他只不过是大多数中的一员罢了。

梦想才是支持一个人源源不断的动力。它可以让身陷绝境的人找到出路，它可以让一无所依的人得到慰藉，它可以让穷困潦倒的人不放弃生的希望，它可以让筋疲力尽的人继续朝那点微光奔跑。

正是在漂泊的过程中，你才发现了自己的心之所向，才开始理解这个世界和自己，如果你不曾去过远方，你永远不知道自己错过了什么。

当你忙着同生活做斗争，忙着为梦想做准备，忙着生存，忙着工作，忙着解决各种各样的问题时，你根本没有时间去问一问自己：苦不苦？你也根本没有心思去感受一下：苦不苦？

而当你获得了一点成绩，一点进展时，你唯一的感觉就是：棒极了！哪里还会觉得苦？

只有无所期待、无所事事的人才会觉得人生之苦，因为他的格局就那么大，能体验到的感觉就那么少，他的人生是由"苦"和"不苦"来定义，而怀揣梦想的人的人生却是由"不苦"和"乐"来定义的。

在外漂泊过的人，面对同一个问题的视角是不同的，处在同一个环境的感受也是不同的。很多人是因为没有选择而不得不忍受现在无波无澜的生活，而漂泊归来的人，是真心接受并享受现在平静安稳的生活；很多人在缺乏竞争和进取的环境中得过且过，而漂泊归来的人，却已经习惯在任何条件环境下都以高标准要求自我，因为他们知道，梦想实现的途径各式各样，实现的地点不一而足——唯一相通的是怎么做，做什么。

梦想之花终会开放。虽然这个世界时而无情，时而温柔，时而让人心生绝望，又时而给人一丝希望，只要梦想还在，只要能熬得住吗，就能在这竞争的世界里活得骄傲，活得出彩。

历经坎坷曲折，
才看得到峰顶的风景

刚大学毕业的时候，陈刚和几个朋友一起去广东顺德，在顺德的某知名电器企业工作。一年之后，由于很多方面的不适应，又坐火车到北京寻求发展。

为了省钱，陈刚选择了一辆慢车，是那种老掉牙的绿皮火车。火车叮叮当当在路上颠簸了四十个小时，路过他的家乡时已是傍晚，铁轨边的电线杆飞速地从窗外掠过，远方是低矮起伏的民居和漫天彤红的云朵。

毕业之后的工作并不顺心，陈刚也曾一个人在南方湿润的天空下为明天忧虑，也曾一个人在孤寂的黑暗里彻夜难眠，也曾在受了莫名的委屈之后忍着悲伤给家里报平安。

如今，陈刚就像一个逃兵，从坚定地前往到坚决地逃亡，前后还不到一年的时间。毕业后短短的一年时间，朝夕相处的人们散落在天涯，很难有再聚一堂的机会。从无忧无虑的大学象牙塔直接进入到弱肉强食的社会丛林，这种经历会让一部分人迅速地成熟起来，也可能让一部分人更加失落。

有一次,陈刚因为淋雨而发高烧,一个人躺在厂区的诊所里,身边没有一个人关心。外面的雨一直淅淅沥沥地下个不停,那一刻,陈刚心中的悲凉和失落几乎让有些崩溃。或许是一次次无奈的承受,让他明白现在的力量还太薄弱,必须脚踏实地地去积累,只有自己强大了才能保护自己;正是那一次次困境,让陈刚明白人生本来就不可预测,必须活在当下,让自己度过的每一刻不留遗憾;正是那一次次挣扎,让他懂得如何走向终点,面对各种状况从容淡定,渐渐成为一个有阅历和经验的人。

很多时候,你不经历,不失去,不受点苦,不流点泪,就没办法懂得。陈刚不再轻易地被困于生活的牢笼中,不再很容易就陷入情绪的幻境中,一旦那些苦让他了解生活的真相,它便开始成为滋养自己成长的养分。有时想想,多经历一些事也未尝不好,至少自己的人生不会苍白无力。

生活中到处都是看不见的墙,你推十下,它不会倒;你推百下,它不会倒;你推千万下,它还是不会倒。也许它一直不会倒,我们却因为这一次次尽力的"推"而成为富有力量的人。墙本身不该成为我们原谅和放弃的借口。

没有人愿意吃苦,可是它却无可避免又无处不在。它们往往来得很突然,没有迟疑,将永远伴我们左右。人生的确是很艰难的,一生顺风顺水那是极少数的幸运儿。

面对生活中千奇百怪的不如意，如果说坚强不是解决问题的唯一办法，那么软弱和退缩显然更不是。你要有点信心，饶雪漫有句话说得好，"当你尚在年少，你受的苦，吃的亏，担的责，扛的罪，忍的痛，到最后都会变成光，照亮你的路"。

你要从每一次受的苦中有所得，你要成长必先历经苦难。

我们一直在努力。因为如果你不把自己逼到边缘，生活就会逼你退步。也许有些工作一直在失败；也许有些工作会耗费太多的时间，甚至在有生之年都无法看到成果；也许有些工作让你流汗、出血，甚至伴随着生命危险，但是你要相信你走过的所有路都会留下痕迹，你所受的所有苦都不会白费，事情在朝着良好的趋势发展。

人生的境遇总是十之八九不如意。坏事不一定会发生，但这也并非意味着它们一定不会发生，而当你坚定信念，有能力也有意志去面对任何的困境时，你所处的环境也不那么重要了。

人生的过程必然坎坷和煎熬，可是煎熬本身必然让你变得更好。哪怕结果不如预想的，也有其发生的必然性原因。可以肯定的是，它一定会比你本来想的更好、更恰当，也许当时的你还不懂得，但当你到达终点时终究会明白一切都是有意义的。只有历经煎熬的考验，才看得到最极致的风景。

没有伞的孩子,
只能加速奔跑

　　在一座城市生活,就像和这座城市谈一场漫长的恋爱,不断调整自己的位置,试图从生活碎片中挖掘答案,试图从别人的眼中获得身份认同。可是这场恋爱更像是一场单相思,处理得当便成为朋友,一个不慎便沦为陌路,不论哪一种,经历的孤独、疼痛和挫败都是同样的。

　　因为它不仅仅是不一样的方言,不一样的饮食,也不仅仅是换一个地方睡觉,它代表了一种不同的生活状态:独自成长。

　　你要知道,在这里你只能依靠自己,没有人能够真正帮助你。你要明白,你没有退路可走。你要保住工作,就必须表现出最积极的状态去上班。你要知道,在外打拼的你不是在家享福。这里不是你可以随心所欲的地方。你也会想,要是在家多好啊。这会儿肯定有父母嘘寒问暖,不想工作了便请个假,因为小城市工作压力小,更何况在家也没有太大的生存压力。

　　可是,老家的父母打来电话问你怎么样时,你还是回答一切都好。因为你知道自己已经长大了,不能再让年老的父母担心,更不可能伸手要求父母接济;因为你知道这是成长的必经之路,如果你任性,丢了这份工作,你可能连下个月的房租都付不起;因为你知道你在这里的原因,不仅是为了生存,还为了心中的梦想。

疼痛,从来不应该成为放弃的借口。也许一个人最高的境界就是历经电闪雷鸣时依然坦然淡定,因为心里住着一片晴天。

在大自然中,当一只幼鹰出生,没多久就要经受残酷的训练。独自飞翔只是第一步,它还需要成百上千次的训练,否则就不能获得母亲口中的食物。之后幼鹰被带到高处,或树边或悬崖上,然后被摔下去,如果胆怯可能被活活摔死。但训练不会停止,因为它必须通过这样的方式学会独自飞翔,否则会因为不会捕捉食物而饿死。

最后是更加恐怖也最为关键和艰难的考验,那些通过前两步历练的幼鹰,正在成长的翅膀会被残忍地折断,然后再次从高处被推下,或者成为悲壮的祭品,或者成功翱翔在生命的蓝天。痛,就自己想办法适应它。

曾有人偷偷地把还没有被折断翅膀骨骼的幼鹰带回家里精心饲养,后来却发现这些鹰已经丧失了在广袤的天空中自由翱翔的能力,那两米多长的翅膀已成为累赘。原来,那些训练和考验都是获得飞翔能力的必需步骤。一次次伤痛,一次次恢复,一次比一次更加强大。疼痛停止,代表着成长停止。

同样的,人类的成长也必须经历现实中一次次的挫折和磨难。

要想获得力量，必须先舍弃旧有的负累，这负累可能是你的坏习惯，可能是贫乏的知识，可能是欠缺的能力，也可能是不良的心态。

当然，舍弃的过程是痛苦的，就如同扯下身体的一部分，可是只有这样才能获得新生。不破不立，舍弃从来不是一件舒服的事情，正如力量的获取同样需要代价，它需要重复地练习，需要执着地努力，需要直面一切的勇气和信心。舍弃和自我成长都是为未来做准备。

你无法以手无缚鸡之力的实力同一个职业拳击手对抗，你想获得多大的成就，就必须承受多大的磨炼，只有你做好准备，才能在竞技场上获得同等的竞争机会。所以，在你想偷懒，想退缩时，问问自己：机会真的来临时，你准备好了吗？

真正的成长是哪怕你痛得快要死掉了，第二天还是准时到场。

没有哪一个机会是理所当然属于你的。你的行为反映了你的态度。如果一点点挫折、伤痛就放弃，你就给人留下了无法承担压力的印象。这样的印象，领导如何有信心把新的任务交到你的手上，又如何能相信你在面对困难和挑战时不会中途离场呢？这样，你又怎能有独当一面的机会呢？当你一次次失去机会，只能怪你不懂得珍惜。

道理很简单，你有多重视你的工作和生活，你的工作和生活也会给你多大的惊喜。

你有多么想要成长，不是体现在你的语言上，而是体现在你面对障碍的决心，在解决问题时获得的能力和经验，以及在这个过程中表现出的坚韧和勇气。

熬得住，有时是一种必需的美德。

一个人，如果不逼自己一把，永远不知道自己有多出色。每个人都有潜能，当面对压力时，要相信自己能处理好。要知道，生活的强者，不是没有眼泪的人，而是眼含热泪却依然奔跑的人。

不屈从于自身的欲望，不妥协于现实的阻挠，不迷茫于前途的未知，不局限于现有的认知，这才是人类不断进步的根本。

正是在自身的挣扎中，你的心智愈加成熟；也正是在与外界的对抗中，你变得更有力量。而这种笃定来源于你对梦想的热爱和对真理不知疲倦的探索，这热爱和探索会让你对疼痛和困难的承受力更强，让你专注目标且心无旁骛，带你实现梦想。

你越致力于其中便越成为自己，你越能忘却自我便越可能超越自我，并在这过程中不断进化、升华。

第三章

人生难走的路都是上坡路

生活从来不会亏待
熬得住的人

姗是个子不高,模样不娇艳,戴个眼镜,梳着普普通通的马尾辫,穿着毫不时尚的宽大毛衣。她这样的姑娘走在熙熙攘攘的国贸,只需要一秒钟,就被西装笔挺、妆容精致的高级白领们淹没得无影无踪。

倘若是在一般单位也就罢了,但姗经常出入的,偏偏就在国贸为数不多那几栋有着武警站岗的大楼里。单位里个个都是人尖中的人尖,精英中的精英,不仅外形比着赛的靓丽,八面玲珑的功夫更是炉火纯青,在这群人中,姗无论哪个方面都平庸得不像话。

姗能进到这里,全倚仗她朋友的引荐。这位朋友和一位编导有些交情,编导正好调到了一个新栏目,手下撰稿奇缺,而那时候姗刚刚考研落榜,急需一份可以供自己继续漂在北京的工作,朋友便向编导大力推荐了姗。

写了几期稿子后,编导对姗有些不太满意,他觉得这个姑娘天资并不聪颖,写出来的东西充其量只能算是中规中矩,离他所期望的"出彩"尚且有着一段距离。

况且与姗几乎同时进这个栏目的撰稿还有好几个，其他人要么比姗经验老到，要么比她懂得交际，要么领悟力更强。每次他们和编导畅谈思路或调侃嬉笑的时候，姗通常就只在旁边微笑地看着，俨然一个局外人。

很快，编导对姗的态度冷了下来，碍于朋友的情面，他不好意思直接让姗出局，只是话语中难免带了几分奚落。有几次开选题会，轮到姗讲选题的时候，编导便半开玩笑地说："来，让我们听听姗是如何把一个有意思的故事讲得没意思的。"在座的其他人有些替她尴尬，而她自己的脸上却没有任何表情，依然镇定地拿着稿子发言，似乎根本没听懂话中的意味。

从来没人听过姗抱怨，她一直以沉默的勤奋应对着一切。

姗的勤奋几乎可以用任劳任怨形容，只要交给她的事就一定会拼尽全力去做，自己不懂的就周末去图书馆查资料，白天干不完的就熬夜接着干，哪怕是别的撰稿都不愿意接的活，也做得毫无怨言。

公司的节目组设立了一个公共邮箱，所有资料、脚本、收视报表都会发到里面，大家通常都是按照标题筛选自己需要的内容，唯有姗，每次都是逐封邮件认真阅读，并且找来每一期的脚本对照收视图仔细分析，在每一处波峰波谷间圈圈点点。

朋友忍不住问她："不过是个兼职而已，何必如此认真。"姗只是笑笑："我天赋一般，学东西也慢，再不比别人多看看，更赶不上了。"

有一次，要临时加播一期特别节目，从撰稿到播放只给四天时间，其中录制剪辑就要占去一大半。编导挨个问，每个撰稿的脑袋都摇得比拨浪鼓还快："这怎么可能，打死我也弄不完。"

最后问到姗时，编导已经做好了申请撤销节目的准备，没想到她却一口答应了下来："没问题。"所有人都张口结舌地看着她，那表情好像在说："你疯了吗？"编导一脸严肃地向姗确认："你确定自己能做到？如果拖稿的话后果很严重。"

"我确认，我可以。"她答得很简洁、有力，脸上更是波澜不惊。离开会议室时，一个同事看着姗的背影偷偷地说："也不知道她哪来的自信。"

出乎所有人的意料，姗真的做到了，而且比所有人预想的还要好。

那期节目播出时，令人惊奇的是，45分钟里该说的重点一个都没落下，语言轻松幽默，节奏张弛有度，场景转换也很自然。

"奇迹！"当晚，编导在微信群中对姗史无前例地大加赞赏，而面对大家一边倒的溢美之词，姗却只是打了个笑脸，一如她平时不温不火的样子。

很多人都想知道姗是怎么做到的？答案是显而易见的。别人刷微博、看美剧的时候，她正在一个个图书馆里穿梭，别人和朋友吃饭、唱歌的时候，她正熬夜研究资料，别人因为被漠视而愤然离去的时候,她却只是一声不吭,加倍努力以等待一个证明自己的机会。

而今,她终于等来了。

而更大的改变,也正是从这一次机会后悄然开始的。

姗的成功救场,让她在节目组声名鹊起,所有人都知道了她做事靠谱,再紧迫的稿子也一定能准时完成。渐渐的,别的节目组人手不够时也会来找她帮忙。或许是因为之前长期研究脚本的关系,姗的文字不再如往日那般平淡,变得铿锵有力,这也为她赢得了更多的约稿机会。沉寂了好久的姗终于开始咸鱼翻身,一年后,她的稿酬已经比起初翻了两番。

再后来,姗被另一档人气节目挖走做编导,职位上升,收入也不可同日而语。

类似于姗的故事,在每天都会上演,因为总有一些人愿意为自己的梦想奋不顾身。我们总会羡慕很多人陡然之间走运了,然而他们在发光发热之前的沉寂、隐忍和奋发,却鲜有人留意。

他们当年很可能并没有出众的天赋,没有过硬的背景,没有丰富的经验。在很长一段时间里,他们甚至不得不因自己的不够出色而受到轻视甚至无视,但他们无一例外全都接纳下这一切,并将之转化为动力。

如同姗,她从别人不屑一顾的小事上积攒着力量,把别人眼中的不可能当作必须尽力一试的目标。她时刻追赶着前面的人,追着追着,便慢慢超越了人群。

所有人口中的奇迹大概都是这样吧。

奇迹并非是上天赐予某人他原本不应获得的东西，而是对于勤奋者姗姗来迟的褒奖，它只会迟到，却从不缺席。

生活从来不会亏待真正熬得住的人，很多时候你在奋力拼搏后未能获得你想要的，并不是因为你不配，而只是时机未到，你要做的，只是咬紧牙关，将如此努力的自己继续保持下去，仅此，而已。

磨破手掌，
才能配得上别人的鼓掌

生活本就不是一次化敌为友的历程，我们无法逃避敌人的存在，却可以在知难而上中增强自己的力量，并最终让他们承认，你的存在自有道理。只要你足够优秀，全世界的人都会发自肺腑地为你鼓掌。

艳楠最近受委屈了，因为工作的事情和一位一向不和的同事起了争执。结果对方当着众人的面，笑话她写的东西简直是堆狗屎。"他总是针对我，不止一次了，跟这种人根本没法共事，我要辞职！"艳楠越说情绪越激动。显然，艳楠正面临着职场人最大的难题之———有一位与自己水火不容的对手。

关于职场树敌这件事，人们从来都是态度不一，褒贬各有道理。有的人说工作本来就很辛苦了，再有个彼此看不顺眼的人天天在眼前晃，哪还有心情上班；不过也有不少人觉得，越是有对手，干事情才越是有动力，那种战胜对手的痛快，要远远胜过获得赞扬。

不过在我看来，干扰也好，动力也罢，有一点却是可以肯定的，那就是你的敌人不会因为你讨厌他，就善解人意地消失在你眼前。虽然并非人人都能遇上彼此看不顺眼的人，但在职场上，这并非是少见的事。即便你处处谨慎小心，也不能保证人人都喜欢你。不信的话你可以去问问那些工作了几年的人，谁都不是一路春风和煦走来的，在职场中摸爬滚打的时间越长，碰上类似事情的几率也就越高。

只不过年轻的时候，我们大概都有过这样的冲动时刻。因为讨厌一个人，希望眼不见为净，所以干脆选择转身就走，背影中颇有些不屑与之为伍的骄傲。

可是细想起来，这其实是个损己利人的神逻辑，你用自己的怒意逼走了自己，只留下对方不战而胜，看起来自己是躲开了一个不好相处的极品，但是谁能保证去到下一个地方，不会遇上另一个这样的人，甚至更加夸张？而人生，又岂能永远在这样的躲避中度过？

一个叫作小麦的女孩，是位名副其实的才女，文字温暖通透，性格也很好，遇事谦和，说话总是带着三分笑意。但就是这么个温和的姑娘，在工作的头一年就遇上了一个对头。

那是个比自己早进公司几年的男同事，不知怎么回事，从小麦第一天上班，他就对小麦表现出明显的敌意。领导把小麦领进办公室时，他看小麦的眼神充满了不耐烦，对于领导安排他好好带新人的要求，他口头上答应着"没问题"。可真到了小麦去请教的时候，却只是冷冷地撇下一句："我忙着呢，你先自己琢磨吧，等我有空再说。"往往这一等，就是好几个小时。

小麦冥思苦想，想不明白自己的错处到底在哪里。她曾经试着主动和男同事聊一些轻松的话题以缓和关系，但是对方要么爱答不理，要么就干脆找个借口起身离开。

纵然小麦再单纯，也知道对方这是从心里不待见自己。小麦觉得委屈，但又无计可施，只能愈发小心翼翼地干活，低眉顺眼地说话，生怕让自己在对方心里的恶感增大。

而让小麦改变想法的，便是那次的事情。领导给了男同事一个命题，让他写一篇文章，顺便说了一句："小麦也写一份练练手吧，回头给某某（男同事）看看，让他提提意见。"整整一天，男同事看向小麦的眼神更加不悦。临下班时，小麦将自己写好的文章小心地交给男同事，对方只是瞟了一眼，就放在了一旁。

一个星期后，领导在会上表扬了男同事，说他这一次的稿件写得特别有创意，读者反馈很好。男同事的脸上露出喜色，而小麦这才骤然想起，自己那篇同样题材的稿件男同事还未给过评语。回到座位上，小麦赶紧找出男同事的稿件，想要学习一下。

看了两段后，她就只觉得脑袋嗡嗡作响，一团怒气涌上心头。这里面，分明有着小麦那篇稿件的痕迹，虽然对方在文字上做了不少改变，但是很多观点却都参照了小麦稿件里的想法。

纵然温和如小麦这样的姑娘，遇上如此情况，也忍不住要发飙，她拿着稿子去找男同事理论，对方却面不改色地反问她："你既然可以这么想,为什么我就不能,你怎么能证明我的稿子原本不是这样?就算你去找领导,他也只会觉得是碰巧了而已,还会说你少见多怪!"对方在做一切前,分明已经想好了对策,小麦明知对方是在耍无赖,但一时竟不知该怎么回击。

从办公室里出来,小麦走到楼道角落处,终于忍不住哭了起来,哭了一个小时,才洗了把脸,慢慢走回办公室。坐到座位上,小麦开始写辞职信,慷慨激昂地写完后,小麦刚要摁下打印键,忽然抬头就看见男同事斜躺在前面的座位上优哉游哉地听着歌,时不时还心情愉悦地哼唱两句,好像一个得意的胜利者。

那一瞬间,小麦的手突然就停了下来,一个念头在心里冒了出来:不行,我不能就这么走。

后来的日子,小麦和男同事之间变成了彻底的零交流。她再不用每天在办公室搜肠刮肚地寻找搭讪的话题,也不用看对方脸色去讨教问题,就连领导安排给她的稿件,她也不再拿给男同事过目,而是去拜托别的同事。

小麦本身就有文字上的天赋,稍加点拨,很快就显示出了自己的能力。没多久,领导开始将一些重要的稿件交给小麦去完成,男同事偶尔会流露出不满的神情,但小麦却已不会再在乎他的态度。再后来,小麦的工作越来越出色,男同事的反应却越来越平淡。最终,即使领导当着他的面表扬小麦,他也没有了任何表情。

一年后,男同事合同到期,单位没有再和他续约。临离职的那天中午，他突然在 QQ 上给小麦发来信息，说要请小麦单独吃顿饭。小麦很意外，但还是淡定地回了一个"好"。

这顿饭的开场有些尴尬，两个人只是默默地吃着，没有太多交流，吃到一半，男同事突然放下筷子，下了很大决心似的说："我明天就不来这里了，但在走之前，一定要给你道个歉。当初那篇稿子，我确实是抄袭你了。"小麦微微一笑，当年恨到牙根痒痒的事，而今再提起来，却似乎没了什么脾气，她对对方挥挥手："算了，都过去了。"

男同事却继续往下说着："其实，我一直对你态度不好，并不是你的问题，是因为我早就听说领导觉得我工作能力一般，要找个人代替我。所以，你一来我就故意不给你好脸色，想着只要把你挤走，我也就安全了。"小麦有些吃惊，没想到当年自己百思不得其解的问题，答案竟然是这样。

"但是现在，我真的觉得你比我强，"男同事说到这里顿了顿，似乎一时间找不到很合适的措辞，只端起酒杯说了一句："你做这份工作，我服气。"

任何人这辈子，都不可能被所有人接纳，总会有人因为种种原因向你投来敌视的目光，恨不得将你排挤出局。与其跟他们较劲，将职场较量变成一场宫斗戏，或想尽方法博得他们的喜欢，还不如静下心来，先将该做的事情做好，让自己拥有可以无视那些挑衅的力量。

每一次煎熬，
都值得你去铭记

剪下自己的一段青春时光，用来奋不顾身地朝着一个目标狂奔，那勇敢的模样，任何时候想起来都觉得骄傲。像夏日里热烈的太阳，像原野里自由的风，像从不曾跌倒一样。

有时候一个人的长大是一瞬间的事情，而不是缓慢地变化。就像孙丽，曾经也是一副青春年少的轻狂模样，忽然有那么一天，"叮"的一声，就被时光机拖进了成人的世界，从此，泾渭分明。

读高三那年，孙丽17岁，对未来充满无限憧憬的年纪。孙丽当时特别喜欢写作，她的作文几乎每次都被语文老师当作范文在班级传阅。孙丽的内心一直有一个梦想——当一名作家！当时她最大的梦想就是考上北京师范大学的中文系，对于这个目标，孙丽充满了无限的向往，并在日记本上多次记录了自己梦想成真后的喜悦。

小时候，孙丽的学习成绩就很好，特别是考上县重点高中那年，成为村里进城读书的第一人。那时村里的人都在惊呼："村里要出凤凰啦！"面对乡亲们羡慕的目光，父亲总是喜滋滋的，仿佛已经看到了孙丽一只脚跨进大学校门，干起活来也满脸挂着笑，浑身有使不完的劲儿。

第一次高考，孙丽像一支搭在满弦上的箭，踌躇满志，等待着一触即发的蜕变。岂料高考体检节外生枝，验血报告证实患有肝炎，被取消了考试资格。这个消息犹如晴空霹雳，当时的她泪流满面。

养好病后，孙丽恳求父亲让我再复读一年。父亲没有说什么，但还是默默地东拼西凑给她借够了学费。孙丽发现父亲的神色黯然了许多，那时村里人开始私下议论说她家没有读书的风水。

不知是精神太紧张，还是身体太虚弱，当孙丽拖着一身疲惫结束第二次高考时，没料到命运之神又不经意地跟她开了个玩笑。仅仅是两分之差，孙丽眼睁睁地看着自己再一次被拒绝在大学门外。

希望脆弱得就像肥皂泡。当她的同学一个接一个欢天喜地地即将踏上新的征途时，孙丽面对的却是铺天盖地的黑暗。同时，她也成了别人饭后的笑料和谈资。那段日子，是孙丽内心最煎熬的一段时光，每天都一声不吭地扛着锄头跟父亲下地。顶着毒辣辣的烈日，更顶着左邻右舍火辣辣的评头品足，一个星期下来，白皙的皮肤便晒黑了，而她也变得更加憔悴、更加沉默了。

孙丽希望父亲能劈头盖脸地狠狠责她我一顿，像儿时犯了错误，他的大巴掌毫不留情地印在自己脸上一样，或许这样她能得到解脱，心里会好受些。但父亲总是绷着脸抽闷烟，整天一言不发，干活的时候，更是没头没脑地抡着锄头。孙丽知道他在流汗，更在流血，因为她不再是父亲的骄傲了,而是他的耻辱,恨铁不成钢的耻辱。

那段日子,家里的气氛沉闷得让人窒息,这一切都是因为她落榜了。

白天,孙丽拼命地用劳动折磨着自己的肉体;只有晚上,才敢在漆黑的夜里用泪水洗涤着自己的灵魂。她受着痛苦的煎熬,想起以后自己可能一辈子要过这样的日子,心底就会掠过一阵阵揪心的疼痛。

孙丽不甘心,还想再拼搏一次,她不想一辈子过这样的日子!尽管在心底喊得声嘶力竭,但再也没有勇气向父亲提出补习了。家里的情况她是知道的,昂贵的学费对于一个普通的农村家庭是一笔不菲的开支。

孙丽依旧一声不吭地每天跟着父亲下地。

有一天,父亲愁眉苦脸地蹲在地头唉声叹气,一筹莫展地抽着旱烟。原来,两个月前栽种的嫁接果苗全枯死了。孙丽默默地把那些果苗拔起来,仔细看了看,然后递到父亲面前,喃喃地说:"栽种时连薄膜都没解开,嫁接芽全萎缩了,而且没有喷施蚁药,新芽都给蛀空了。"

"你怎么知道的?"父亲那浑浊的眼睛里突然闪出一丝亮光。

"在书上看过。"孙丽小声回答。

父亲盯着那些枯苗沉默了许久许久,突然站起身来,直愣愣地瞪着她:"孩子……你到底还想不想补习?"

"想！"孙丽咬着牙点点了头。

"好，明天你就去报名吧！"父亲长长地吐出一口烟，那浓浓的烟团在淡淡的空气中一圈一圈地散去。

父亲卖掉了家里两头正在长膘的肉猪，给孙丽筹够了学费，并用余下的钱购回一批新果苗。她跟着父亲，一棵一棵地把果苗种在原来那块地上。她知道父亲种下的不仅仅是果苗，他是再一次地种植着希望。

临走那天，父亲送孙丽去乘车，他帮提着行李。一路上什么话也没说，只在临上车时，他才语重心长地叮嘱孙丽："家里尽力了，这是最后一次机会了，你好好珍惜吧！"这句简简单单的话，落在她心底却字字千斤般沉重。

金秋十月，本是收获硕果的季节，孙丽却带着苦涩的希望，开始了第三次冲击大学的征程。她憋足了劲儿，玩命般拼搏了一年。那个夏天是如此的漫长，望眼欲穿，想要一个结果证明自己没有白白付出。最后，孙丽终于如愿以偿地拿到了大学的入学通知书。

那天，她第一次看到父亲哭了，一行行的热泪洗刷着那张饱经风霜的脸。奶奶说，只有在爷爷去世那年父亲才这样掉过泪。孙丽知道，这欣喜的泪水中饱含着父亲的多少辛酸啊！

如今，孙丽已经在北京一家知名的公司就职。回忆起那段玩命般复读的日子，她感觉无比的骄傲和欣慰，尽管那时是那么孤独和迷茫甚至是煎熬。她特别喜欢刘同说过的一句话："愿你比别人更不怕独处，愿日后谈起时你会被自己感动。"

每个人的一生中都会有一段孤独的时光，也总有很多事情是别人帮不了你的，就像破茧成蝶的蛹，你只能靠自己。你必须在孤独熬过去这段时光，等待破茧而出，在等待中定格自己的未来，丰满自己的羽翼，坚定自己的毅力，强健自己的力量。

在竞争的世界里，
愿你昂首挺胸

小许是一个实习生。北京的实习生工资都很低，尤其是暑期，很多大学生为了给自己未来找工作多一份筹码，一般都会积极地到处找实习，哪怕待遇特别苛刻。

实习生供过于求，自然价格就低。而公司位于市中心，每天的消费又很高，一顿稍微像样点儿的午餐最便宜也得要 25 元，再加上来回地铁的费用，一天下来工资就用掉快一半儿了。

小许是第一次来北京，她还要在这里待一个月。小许一连三天去楼下小摊买份凉皮当作午饭，而其他几个老同事要么去食堂，要么点外卖。下午有的同事还点一份下午茶。而这时小许就默默地坐在工位间，一言不发。

今天中午听说大家都点一家味道很不错的外卖，当然价格也不菲。小许也过来看，她拿着外卖单从第一页翻到最后一页，皱了皱眉默默走到她的工位上，索性趴在那里，好像是休息，很累的样子。

她只身一人来北京打工，在这样一个举目无亲、消费水平这么高的城市,不是谁都有勇气来闯一闯的。每天有多少人在北京漂泊,为昂贵的房租发愁,为不菲的地铁费发愁,为公司的每一顿午餐发愁。这样的窘迫会不会磨光当初的自信,磨碎当初不可一世的骄傲?

在这个城市里,每天都有人带着希望和憧憬兴奋而来,也有人满怀无奈和伤感黯然离去,更多的人依然在这个城市里奋斗与坚守,或是麻木不仁,或是按部就班,抑或是打了鸡血一般的激情满怀。

总之,他们在这里的每个角落演绎着自己悲欢离合的人生故事。

我们已然习惯于生活在安全地带,被老师、父母以及书本的汤勺喂大,习惯了去询问他们:"请告诉我,那高原、深山及大地的背后是什么?"总是满足于他人的描绘,生活在别人的言论中,而不再具备抗拒的本能。长久以往,我们不再对生活有新奇感,心中没有什么东西是原创的、清新的和明澈的。渐渐的,失去了对生活的热情。

有些勇敢的人,遵循内心的想法,本能地抗拒安全,在尴尬的年龄放弃一切来到北京从头开始,给自己一个机会,给生活一个机会,也许他们偶尔想起当初的决定,会骄傲地说,至少不曾因为畏惧而退缩。

不挣扎的人生太过于可怕,当然,他们也会对未来的人生有过担忧。但当在这条路上走了很远的时候,才发现很多事情根本没有想象中的那么艰难。

毫无疑问,父母对我们很不放心,但只要努力地奋斗,用心地生活。从容面对生命里的苦难,像一个勇士一样地活着。直到有一天他们会忽然发现,是孩子在主宰着自己的命运,而不是被宿命牵着鼻子走。

宫崎骏在他的电影里说:"我始终相信,在这个世界上,一定有另一个自己,在做着我不敢做的事,在过着我想过的生活。"其实,我们每个人就是另一个自己,只要我们愿意,就没有我们不敢做的事,没有我们过不上的生活。

生活的每一个刁难，
都是一种馈赠

苏宏毕业后生活一直很坎坷，工作换了几家公司，却一直都没得到重用，特别是现在就职的这就公司，更让苏宏抓狂。"那个老女人简直就是更年期发作！没见过这样变态的老板！"一提起领导，苏宏开始喋喋不休起来，语速虽然不算快，但口气中却透着一股凶狠的怨念，时不时还会突然加重声调咒骂两句。

大概是接连好几天苏宏的领导都说他工作不认真，于是要求他每天下班后必须加班一段时间才能走。他因此对领导心生了不满，但是又不敢当面表达，只能其他时候发泄一下。但是，他对此所表现出的愤慨程度之强烈，全程他一直在用最难听的词汇去表达内心的情绪，从怨恨自己的收入太低一直骂到领导和领导的家人，然后一路骂到客户，最后，连自己的家里人竟然顺便都给骂了。

没有人知道苏宏在这个岗位上已经有多长时间，其间到底受了多少委屈，但倘若过去的时间里，他都是以这种心态去面对工作中的不顺心，那么也就注定了，他未来也只能继续待在这个他厌恶的岗位上，干着自己讨厌的工作，天天见到他憎恨的人。

这个世界上，有谁就过得那么如意呢？我们幸福的理由或许相似，但是痛苦的原因却各不相同。

有一位大姐，整天对人笑语盈盈，从来就没见她发过愁。而其实，她前两年因为老公出轨而离了婚，一个人带着女儿，日子过得并不轻松。有一个事业有成的男士，如今日进斗金，谈一笔生意就动辄百万，而他的父亲已经患老年痴呆症好几年，见到自己的儿子都认不出来。

命运是个有着恶趣味的家伙，时不时就会故意发出一两个狠招，故意刁难一下本想好好生活的人。我们对此自然有权力气恼，有权力悲伤，甚至可以大哭一场或大骂几声宣泄心中的感受，但是，仅此就好。

如果任由心中的不满继续演化，并最终变成了仇视，那么随之改变的并不是那些让我们不爽的人和事，只能是我们自己的生活。

从小处说，一个内心充满仇视的人，是无法做好任何一份工作的。心中的恨意会让自己觉得此时所做的事根本就配不上自己，自己做这一切都是屈尊，都是迫不得已，宛如公主下嫁、贵族落魄，抱着如此心态的人，做事自然不会尽心尽力。

从大处讲，仇视感会让人失去底线，斩断节操，砸烂三观。社会新闻版块里，总有那种因为仇视社会而当街挥刀追砍无辜路人的变态，他们觉得既然自己过得不好，那么谁就都别想好，哪怕死也要拉上几个垫背的。恨意彻底淹没了他们的人性。

往往怨念不散的人，在人际交往上也存在着巨大困难，因为他们心中存有恨意，所以会不由自主放大对方的缺陷，并贴上一个极端的标签。就好比很多男人因为女友提出分手，就认定全天下女人都是薄情；还有不少女人因为男友出轨，就觉得普天下的男人都不是好东西。

即便他们再开始一段恋爱，也会抱着质疑的态度去打量对方，先入为主地把对方当成了拜金女花心汉，疑神疑鬼中，通常等待他们的便是又一次不欢而散。

对待命运的刁难，除了恨，我们还可以做些什么？在我看来，最好的方式，便是把这一切刁难都当作经验。

有一位编辑，他工作效率奇高，别人弄上一天都弄不明白的版面，他只要半天就能弄得利利落落，而且文字也很有造诣，写起稿件来一点不比社里的金牌记者差，甚至他拍照片也特有感觉，拿手机随手拍出来的作品，常会让我们有一种单反大片的既视感。大家都觉得他是个奇才，领导更是看他一百个顺眼，但是他这一切能力，都不是天生而来，而恰恰是拜前任领导的刁难所赐。

之前这位同事在一家小报社当编辑，领导为了节约成本，把原本应该两个编辑完成的工作都压在他一个人身上，不仅如此，一旦有稿件不足的情况，还会经常要求他写上几篇补版面。有一次他觉得有篇新闻如果配图的话效果会更好，便向领导申请去向专业摄影师购买相关的照片，价格不到二百块钱，但是领导却沉下了脸："这种事还要花钱？你自己拍一张不就好了。"从那以后，他又兼职当上了摄影记者，写稿之后便拿着相机去拍素材，之后自己编辑，自己规划版面，拿着一份微薄的工资，却承担下好几个人的工作。

这样身兼数职的日子中，他并非没有不满，眼看着身边的人收入都水涨船高，他并非不会委屈，可当家人和朋友劝他换个工作时，他却总是回答"时机未到"。

两年后，领导看他一直兢兢业业，终于主动提出给他涨薪，他却只是笑笑，然后递上一封辞职信。之后再去面试，便出乎意料地顺利，几个应聘者一同上电脑做版面，他第一个完成，而且做得简洁漂亮；让写一段编者按，他写得犀利透彻，入情入理，面试官看他的眼神充满了惊艳；他甚至拿出了一大摞自己平日拍摄的适合做新闻配图的照片，虽然这并不是编辑责任之内的事情，但却为他在面试官那里赢得了很高的加分。

就这样，他在隐忍了两年后，终于等到了那个时机，而当初所有受到的不公和刁难，而今都变成了滋养他的能量，让他在经历那段黯淡人生后得以闪闪发光。

张爱玲曾经说过："生活是一袭华丽的袍子，里面藏满了虱子。"再好的人生也不可能只有喜悦没有疼痛，尤其是在年轻时，青涩的我们总会遭遇各种的问题，体会各种苦辣酸甜，有时候我们会觉得这个世界糟透了，恨不得一切就此消失；而其实，这只不过是命运给予我们的一些刁难,没人能够幸免。

别只顾着抱怨那些让你不快的人和事,别让恨意牵绊住你的脚步,伤痛本就是人生的一部分,哪怕咬着牙,你也要学会坦然接受这一切,并继续前进。

当有一天,你迂迂回回后终于到达了想去的地方,才会惊讶地发现,原来之前所走过的一切,都只是通往这里的必经之路,少一步都无法塑造出今天的你。

而这时,你一定会深鞠一躬,感谢那年那月,命运给你的所有刁难。

你受的苦，
终将会照亮你未来的路

梅婷进了一家策划公司，公司的经理在业界以严格而出名，在同事眼里，甚至是苛刻。而梅婷是个看起来瘦瘦小小也很脆弱的人，刚大学毕业一年就换了四份工作，这期间还有两个月待业在家。

在以前的公司中，她经常因为生活和工作的种种而一脸愁容。遇到过大的工作压力会哭泣，面对上司的严苛会默默流泪。闲暇时，会经常抱怨别人对她的不公……不过，或许人都会变化的，这次说不定她会很努力地工作，内心也会变得强大。然而，还不到一个月，她准备辞职走人了！

早上她红着眼睛来上班，原来她前一天晚上和男朋友吵架了。刚开始工作，又接到房东的电话，房东说要涨房租。就这样心情沉重地过了半天，下午她在做幻灯演示的时候精力无法集中，以至于以尴尬的沉默告终。之后，经理向她要上周就交给她做的报表，她说自己还没做好。于是，老板便粗暴地批评了她。"不做了！到哪里不能找一份工作！何苦在这里受折腾！"她气呼呼地说道，又开始抱怨起苛刻的老板是多么变态。

职场中，像她这样的年轻人不止一个。初入社会，习惯了学校的舒适，习惯了父母的庇护，难免对社会的冷酷和压力无所适从，于是心生怨气。二十多岁，一个多么稚嫩的年龄，或许二十来岁的自己，并不比别人成熟多少。

但人总是要成长的，你可以不成熟，但你不能不成长。

冯仑说，伟大都是熬出来的。为什么用熬？因为普通人承受不了的委屈你要承受，普通人需要别人安慰鼓励，但你没有；普通人以消极指责来发泄情绪，但你必须看到爱和光，在任何事情上学会自我解嘲；普通人需要一副肩膀在脆弱的时候靠一靠，而你就是别人依靠的肩膀。

但是，人这一辈子的幸福与苦难，绝对都在你的承受范围以内。生活比你还要了解你自己，它可狡猾了，它给你的苦涩，永远让你失望而又不至于绝望；而给你的甜蜜，永远让你浅尝辄止而充满念想。

人在二十多岁的时候，总是愿意相信一句话：生活在别处。当你很轻易地放弃一份工作，很轻易地放手一段爱情，很轻易地舍弃一个朋友，都是因为这种相信。

可惜总是要过很久之后才能明白，这世上并不存在传说中的"别处"。你所拥有的，不过是你手上的这些。而你兜兜转转最终得到的，也不过是你在第一个站错过的。

所以，好好工作吧。工作是一切自由幻觉中最接近现实的一种。

更重要的是，工作能帮助一个人学会怎样爱自己，然后你才能好好地爱这个世界，爱别人，以及被爱。

你自己才是一切的根源，要想改变一切，首先要改变自己！你要懂得，不是每一次跌倒都有人扶着你站起来，通往美好之路并不容易，一味地放任，只会令我们脆弱得不堪一击。

没有经历痛苦洗礼的飞蛾，脆弱不堪。人生没有痛苦，就会不堪一击。正是因为有失败，所以成功才那么美丽动人；因为有灾患，所以幸福才那么令人喜悦；因为有饥饿，所有佳肴才让人觉得那么甜美。正是因为有痛苦的存在，才能激发我们向上的力量，使我们的意志更加坚强。瓜熟才能蒂落，水到才能渠成。和飞蛾一样，人的成长必须经历痛苦挣扎，直到双翅强壮后，才能振翅高飞。

每个人的一生都注定要跋涉沟沟坎坎，品尝苦涩与无奈，经历挫折与失意。痛苦，是人生必须经历的一课。在漫长的人生旅途中，苦难并不可怕，受挫折也无须忧伤。只要心中的信念没有枯萎，你的人生旅途就不会中断。

在这段异常艰难的时光中，挺过来的人，人生就会豁然开朗；挺不过来的，时间也会教会你怎么与它们握手言和，所以你不必害怕。

年轻的时候输得起，更不怕摔跟头，重要的是自己不放弃自己，踏踏实实地去改变，去努力。你会发现，你受的苦，总有一天会照亮你未来的路。

别让以后的你，
痛恨不努力的曾经

　　蔡康永写过这样一段话：15岁觉得游泳难，放弃游泳，到18岁遇到一个你喜欢的人约你去游泳，你只好说"我不会"。18岁觉得英文难，放弃英文，28岁出现一个很棒但要会英文的工作，你只好说"我不会"。人生前期越嫌麻烦，越懒得学，后来就越可能错过让你动心的人和事，错过新风景。

　　生活总，经常遇到那些对自己现在的生活充满抱怨的人，他们口中说得最多的词语就是"如果"。"如果我读高中的时候能够努力一些，我也能拿到清华大学的录取通知书……""如果我刚毕业时努力工作，我现在也月薪几万了，那该多轻松啊……"

　　可是，事实是你当时没有做到你现在期望的，那些你希望发生的事情现在离你依然是遥不可及的。你也只能看着别人住在豪华的别墅里，面朝大海，看春暖花开。

　　或许，你会认为生活很不公平，可是，你有像别人一样拼命努力吗？就从上学的时候开始对比一下吧：别人白天上课都紧绷着神经，不停地进行机械试训练，而你无所事事；晚上下课，别人还在教室里学习，你已经躺在宿舍的床上睡觉；别人每天都是背着书包奔图书馆，而你每天不是吃饭睡觉，就是玩电脑。结果毕业后找工作，别人很快就找到了一份满意的工作，而自己却在面试中到四处碰壁，迟迟找不到工作。别人废寝忘食地读书学习的时候，你有努力吗？

如果你讨厌自己的现在，你更应该反思一下自己。因为每一个你不满意的现在，都有一个不努力的曾经。你现在的结果，都是你以前的种种行为造成的。如果一个人肯吃苦，肯努力，无论如何也不会混得太差。

王凯是一个快递员，20岁出头，其貌不扬，还戴着厚厚的眼镜，一看就知道刚做这行。令人惊奇的是，他竟然穿了西装打着领带，皮鞋也擦得很亮。说话时，脸会微微地红，有些羞涩，不像他的那些同行，穿着休闲装平底鞋，方便楼上楼下地跑，而且个个能说会道……

很多公司几乎每天都有快递员敲门，有些是接送快递的物品，但大多是来送名片，宣传业务。现在的快递公司很多，也确实很方便，平常公事私事都离不开他们。所以他们送来的名片，公司也都会留下，顺手塞进抽屉里，需要叫快递的时候随便抽一张，不管张三李四，打个电话，很快就会过来一个穿着球鞋背着大包的男孩……

有一次，王凯是第一次拜访公司，也是送名片。只说了几句话，说自己是哪家公司的，然后认真地用双手放下名片就走了。皮鞋踩在楼道的地板上发出清脆的响声。有同事说，这个傻小子，穿皮鞋送快件，也不怕累。

几天后，接了他名片的同事有信函要发，兴许王凯的名片在最上面，就给他打了电话。电话打过去，十几分钟的样子，他便过来了。还是穿了皮鞋，说话还是有些紧张。单子填完，他慎重地看了好几遍才说了谢谢，收费找零，谨慎地用双手递过去零钱，好像是完成一个很庄重的交接仪式。

因为他的厚眼镜和他的西装革履，他的沉默和谨慎，公司很多同事就下意识地记住了他。可能是刚做不久的缘故，他确实要认真许多，要确认签收人的身份，又等着接收后打开，看其中的物品是否有误，然后才走。所以他接送一个快件，花的时间比其他人要多一些，由此推算，他赚的钱不会太多。

但王凯从来没有抱怨过什么，不管多晚，不管他在什么地方，只要打个电话，他总是会随叫随到。时间久了，大家就对这个任劳任怨的快递小子颇有好感。一般有快递都会直接找他，并把他介绍给其他部门的同事。

后来，大家才了解到，这个其貌不扬的快递小子竟然是正规财会学校毕业的中专生，家里很穷，刚来北京一时找不到合适的工作，刚好快递公司招快递员，他就去了。

当大家为他不能做自己喜欢的专业而惋惜时，他说，送快递也需要统筹才会提高效率，比如把客户根据不同的地域、不同的业务类型明细分类，业务多的客户一般送什么快件，送到哪里，私人快递如何送……通常接到客户电话，就知道他的具体位置，大概寄什么东西，需要带多大的箱子……他说得很认真，大家听得很动容。对他不得不另眼相看了，没想到看起来笨拙的他这么有心，而他的话，也确实有着深刻的道理。

后来，王凯竟然升职任快递分公司的经理了！同事们是听他们公司的另一个快递员说的。

王凯被提升的理由有几条：他是公司唯一干得最长的快递员，是唯一有学历的快递员，是唯一坚持穿西装的快递员，是唯一建立客户档案的快递员，是唯一没有接到客户投诉的快递员……

每一个优秀的人，都会有一段沉默的时光，不抱怨、不责难，不断努力，忍受着黑夜的孤独与寂寞，坚信在黑暗中也能盛开出最好的花。

说了这么多，其实就是想说，年轻人，你的人生才刚刚开始，迷茫、困惑都是正常的，有时候应该试着给自己施加一点压力，不要总想着给自己留退路。不要抱怨生活的不公平，因为你看到的只是那些成功人士身上的闪光点，却不知道他们到底付出了什么样的代价，才换取了这样的人生，你有什么资格抱怨现在的生活。

一个人二十岁出头的时候，除了仅剩不多的青春以外，还有什么？但是你手头为数不多的青春却能决定你变成一个什么样的人。你将来成为一个什么样的人，很大程度上取于这个阶段你做了什么。

一个人一辈子能去几个想去的地方？能看几处难忘的风景？能读到几段改变你人生的文字？又能经历多少次难忘的旅行？

最好的样子就是平静但不平庸的生活，哪怕一个人生活，穿越一个又一个城市，走过一条又一条街道，仰望一片又一片天空，见证一次又一次别离。在别人质疑你的时候，你可以问心无愧地对自己说，虽然每一步都走得很慢，但是我不曾退缩过。

年轻正是吃苦的时候，正是发奋努力的时候。你一定要相信，每一个发奋努力的背后，必有加倍的奖赏。

今天的生活是由三年前决定的，但是如果你今天还过着和三年前一样的生活，那么三年后的你仍将如此。生活不是用来重复的。今天就开始改变，从现在开始不要只玩游戏，不要只顾逛街，多去读书，多读好书，读书不能直接帮我们解决人生的困惑，却能为我们提供更多角度去思考问题。多努力，如果你不对年轻的自己狠一些，生活就会对你更狠。

在不远的将来，你就会发现一个全新的自己。而将来的那个你，也一定会感谢现在拼命努力的自己！

没有改变不了的未来，
只有不想改变的现在

高考时，乔因几分之差与大学无缘。接下来的两年，她就读于本市最著名的复读班，一考再考，终于在第三次冲击时，过了本科线 10 多分。令人遗憾的是，填报志愿时，乔出了些差错。

等领到录取通知书，她大吃一惊，却已无力挽回——她被省内一所师范专科院校录取，虽然是她喜欢的英语专业，但本来能上本科的分数却上了大专，她很不甘心，"是一路哭着去上学的"——她这样描述当时的情景。

那天的面试，乔发挥得很不好。自我介绍之后，招聘方提问，为何简历中没有英语专业四级证书的复印件？她吞吞吐吐，略带羞愧："没过。"15 分钟的试讲，乔紧张得口误了几次。说到一个知识点，她先陈述，过了几秒钟，又推翻之前的说法。

不用等最后结果，看主考官的表情，乔就知道这次应聘没戏。但她悻悻地说："全都是本科生，我一个大专生，本来也不抱什么希望。"

没有等到最后公布面试结果，乔就走了。乔花了很长时间才恢复平静，然而确切地说，是从未平静。刚进师专，她因是第一名进校而备受关注，但失望、愤怒及"为什么倒霉的总是我"的想法，让她倾诉成瘾，向同学、师长，在饭馆、酒吧，她逮住机会就大吐苦水。

也许是找到了发泄渠道，也许是发现了自己新的"闪光点"，渐渐地，人们更常见到她是在饭局，而不是课堂，"她是我见过的酒量最好的女生。"别人说，"乔一个人能喝六个'小二'，打通关打得男生全趴下。"

学习近乎放弃。"看到专业书就会想，我该待的地方不是这儿。"乔总这么说。有人劝她通过考研改变命运，被她发火顶回去："大专生得工作两年后才能考！"

"如果不是……我就能……"总之，关于学业，自那年夏天被强行打了折后，乔就自动按了停止键。其实很多失败的人总是喜欢借题发挥、偷换概念，而自己却不负责、不承担，哪怕自己改写了自己的命运。

人生不如意十之八九，谁的青春不是在跌跌撞撞中度过？谁的成长能不受伤？当你准备好重新揭开伤疤，给予照料，它才有痊愈的机会，结痂组织还会使伤口对未来的疼痛免疫。你会更加坚韧地应对现实生活中的伤痛、鞭挞与折磨。

有很多种方式会帮你凭借自己的能力越过这些未知和困扰。每个人都有表达自我的途径和自我宣泄的出口，总会犯一些痴、一些傻。所以，不如把你悲泣的时间用来宽恕、遗忘，不再抱怨任何人包括你自己，告别过去，大步迈向前方的璀璨未来。

任何人的成功都是有原因的，就像杨昌溢评论的那样："所谓成功的人或被人爱慕追随的人，除了其天资，更令他们能鹤立鸡群的，是他们相信自己会到达他们想要的位置，这种自信以及不认输的决心足以淹没那些唾沫。"

坚强的人不会悲泣难过，因为那会让世界模糊，错过更加重要的东西。正因为经历过黑暗，所以要寻找光明；正因为痛苦过，所以要快乐；正因为见识过眼泪，所以要一直微笑。你全身心的努力，终会变成无与伦比的创造力。

每一个努力的人都能在岁月中破茧成蝶，你要相信，有一天你将破蛹而出，成长得比人们期待的还要美丽，但这个过程会很痛，会很辛苦，有时候还会觉得灰心。面对着汹涌而来的现实觉得自己渺小无力，但这也是生命的一部分。做好现在你能做的，然后，一切都会好起来的。

谁的生活都有一些不开心的事情，但这些事情能教会我们看清生活的本来面目，从而使我们的内心变得更为坚强。人生最大的勇敢，就是经历欺骗和伤害之后，还能保持信任和爱的能力。

人生处处充满了难题，有时候你拼命渡过了这个关卡，却发现前方还有更多的难关等着你，你努力来到目的地，却发现转弯之后还有下一站要你去挑战。就像在黑夜行走的人等到阳光后还是要面对黑夜，度过寒冬后还有下一个冰冷的季节。

有时，你真觉得熬不下去了，只想抱头痛哭一场，可是，你手头上的工作还没做完，你预设的目标还没有实现，连人生都还没有走过二分之一。你知道自己根本没有资格哭泣，因为眼泪是给胜利者的奖赏，而只要活着总会有希望。于是，你扬起嘴角，给自己一个鼓励的微笑，继续埋头赶路。

幻想是用来破灭的，成熟的人，却永不甘于绝望。不惧怕黑夜，是因为他心里有光。

烟花不会告诉你，它化做的尘埃是怎样的温暖。就像你的脸上云淡风轻，却没有人知道你的牙咬得有多紧；你的生意做得风生水起，却没有人知道你差一点儿破产时烈日下的东奔西走；你走路带着风，却没有人看得到你膝盖上还未消散的瘀青；你脸上带着笑，却没有人知道你转过身后的无声落泪。

从来就没有改变不了的未来，只有不想改变的现在。借用王小波的一句话：我活在世上，无非想要明白些道理，遇见些有趣的事。倘能如我愿，我的一生就算成功。你不必哭泣，也不必哀伤，生活本就苦难重重，我们的眼却要看向光明的一面。

第四章

熬得住出彩，熬不住出局

人生从来都没有
真正的绝境

世上没有真正的绝境，就看我们站在什么样的角度去看待，以什么样的心态去面对。处于绝境中，如果我们焦躁不安，甚至绝望，不敢去面对和挑战，那么我们的前途定然是一片灰暗；如果我们用积极、乐观的心态去面对，冷静下来，思考走出绝境的办法，那么，我们就会终有一天会熬出绝境。

很早以前的美洲大陆上，有一群印第安人被白人追赶，逃到了某个地方。

逃难过程中，他们的食物消耗完了，而且无法补充。情况紧急，部落面临着生死存亡的考验，酋长决定把所有的族人召集起来谈话。他说："有些事情，我必须告诉大家，我们的处境看起来非常不好，我这里有一个好消息，也有一个坏消息。"

族人中间立刻引起了骚动，酋长问："我首先要告诉大家坏消息。"

所有人都紧张地站着，神色惶恐地等待。酋长说："我们现在除了水牛的饲料以外,已经没有任何别的东西可吃了!"

酋长说完,大家立刻乱成一团,发出"可怕啊""我们陷入绝境啦""我们可该怎么办啊"……的声音,这时候有个人勇敢地问:"您不是还有好消息吗?"

酋长回答:"好消息就是我们还存有很多的水牛饲料!这些饲料能支撑到秋天的水果成熟!"

"上帝既然给我们关上了一扇门,就一定会在别处为我们开一扇窗。"对于心态向好的人来说,总能看到希望,并能抓住希望,等待光明。我们所称谓的"绝境"其实不过就是我们的意志难以承受的困难罢了,并非是毫无希望和出路的境地。

巴尔扎克曾经说过:"绝境是天才的晋身之阶,信徒的洗礼之水;能人的无价之宝;弱者的无底深渊。"音乐巨匠贝多芬面对双耳失聪的人生厄运,告诫自己,要扼住命运的咽喉,于是演奏出了激动人心的《命运交响曲》;越王勾践面对亡国的耻辱,痛定思痛,卧薪尝胆,最终复国……由此可见,在绝境中,意志坚定的人往往会突破思想上的樊篱,超越自我,书写神话般的奇迹。

桑兰是著名的体操运动员,曾经在中国体操队享有"跳马冠军"的美誉,并获得过多项荣誉。

然而,1998 年的一次体操练习中,一起意外事故让她从一瞬间由伸手矫健的人变成了瘫痪。粉碎性骨折,中枢神经严重损伤,双手和胸以下失去知觉。很多人都觉得命运是如此不公,则能让一个体操队员承受如此的命运？然而异常坚定的桑兰并没有沮丧，而是坦然地接受了命运的挑战。

从她苏醒过来以后，没有流过一滴眼泪，而是始终微笑着面对大众，当自己躺在床上不能动弹了，还热心地关心队友。她内心深处乐观地坚信着：总有一天，我还会站起来的！

之后，她在北京大学新闻系学习，并毕业了。成为2008年申奥大使之一，并在北京奥运官方网站担任特约记者，以自己的方式实现着自己的奥运之梦。

乔治·萧伯纳说："身处逆境的人们总是怨天尤人。我却从不相信环境。所谓一帆风顺的人，往往善于找寻自己向往的环境，并且在没有环境的情况下创造出环境。"置身绝地，是对精神强度与韧性最好的考验，强者之所以是强者，就是因为他们敢于面对逆境、不逃避、不屈服，能够用坚强意志突破困境。

在很大程度上，命运掌控在我们每个人自己的手里。我们可以把小小的困难当作绝境，让自己陷入痛苦，也可以把绝境当成小小的困难去解决。微笑着面对生活，那么绝境就不再是绝境，而是人生的一种难得的磨难和财富，更是人生的一种醒悟和升华。多一次逆境，就多一分成熟，多一分感悟，多一次绝境，就多一次机遇，多一次超越。虽然很多时候我们会置身困境，但是困难总是能战胜的。只要我们采取积极的态度做好抉择，把握机遇，我们就能够获得成功，活得精彩。

第二次世界大战结束之后，德国的土地到处是一片废墟。美国社会学家波普诺带着几名随从人员到实地察看。他们看到了许多住在地下室的德国居民。

波普诺向随从人员问了一个问题："你们看，像这样的民族还能够振兴起来吗？"

"难说。"一名随从人员悲观地说。

"他们一定能重新站起来的！"波普诺非常坚定地说。

"为什么呢？"

波普诺笑着问："你们看到他们每家每户桌子上面摆着的鲜花了吗？"

"看到了。"

"任何一个民族，处在这样困苦的境地，还没有忘记那些美好的事物，那就一定能在废墟上重建家园！"

有句话这么说："世界上没有绝望的处境，只有对处境绝望的人。"在绝望中，仍能追寻希望之花的人，必定能实现理想。无论身处怎样的境地，勇敢的心，永不会输给貌似强大的灾难。

别在想象中，把困难放大

在我们的生活中，经常会碰到一些困难和问题，很多人在面临困难的时候，因为惧怕困难，总认为这些困难无法克服，进而不由自主在内心里把困难放大，导致产生很多不必要的心理困扰。

从心理学上来讲，一个人在做意见事情之前，往往会为自己的能力做一个评估，给自己所面临的困境做一个评估，然后假设一个结论。人们放大困难的程度，缩小自己的承受能力，心理学家把这种现象叫作"困难放大效应"。也就是在做某件事情之前，我们无限放大困难，什么都没做，首先把自己的做事的情绪搞垮了，事情也定然会做不好。当一个人的意志力很脆弱，也往往难以战胜困难。

面对困难，我们要做的其实很简单，乐观面对，踏实地分析原因，找出解决办法，进而付诸实行。困难就像一块玉石，只要你勇敢地雕刻打造它，它就是一块耀眼夺目的翡翠，就是你走向成功的反动力，让自己拥有更多信心。困难不过如此，不必放大。

琼斯大学毕业之后如愿进入当地的《明星报》任记者，很快，她便接到了一个重要任务：采访大法官布兰代斯。

接到这样的重要任务，琼斯并没有欣喜若狂，而是感到非常苦恼。她想：自己任职的报纸不是一流的报纸，自己也只是一个刚刚出道、名不见经传的小记者，布兰代斯这样的人物怎么会接受她的采访呢？她的同事史蒂芬得知她的心事之后，便来安慰她："我很理解你。你就像躲在阴暗的房子里，想象外面的阳光多么强烈。其实，要知道阳光多么强烈，最简单有效的办法就是跨出去看看。"

史蒂芬拿起琼斯桌上的电话，查询出布兰代斯的办公室电话，很快就与大法官的秘书接上了信号。接下来，史蒂芬直截了当地说："我是《明星报》新闻部记者琼斯，奉命访问法官，不知道他什么时候有时间接见我呢？"

旁边的琼斯吓了一跳。

史蒂芬一边接电话，一边不忘抽空向目瞪口呆的琼斯扮个鬼脸。接着，琼斯听到了对方的答话："谢谢你。明天1点15分，我准时到。"

"瞧，直接向人说出你的想法，不就管用了吗？"史蒂芬向琼斯扬扬话筒，"明天中午1点15分，你的约会定好了。"一直在旁边看着整个过程的琼斯面色放缓，似有所悟。

多年以后，昔日羞怯的琼斯已成为了《明星报》的台柱记者。回顾此事，她仍觉得刻骨铭心："从那时起，我学会了单刀直入的办法，做来不易，但很有用。而且，第一次克服了心中的畏怯，下一次就容易多了。事实上，走出了第一步，就会发现那些麻烦与困难有时只是自己吓自己。"

遇见苦难，不要望而却步。有时候，一件很简单的事情会通过自己的想象而把问题搞得过于复杂和困难，还没有去做，自己首先把困难放大了一百倍，这首先就输在了心态上，是注定无法取得成功的。

困难其实并不可怕，最主要的是充满信心地面对困难的心态。高斯能解除一道两千多年的数学难题，得益于他不知道那道题竟然那么"困难"："如果有人对我说，这是一道有两千多年历史的数学难题，我从心里就感觉永远没法把它解开，因为我会害怕。"他仅仅把它当作是一般的数学难题，他没有恐惧，没有对自己怀疑，反而信心百倍。

罗斯福说："让我们感到恐惧的只是恐惧本身。"人的一生都会遇到或多或少的波折。顺境和逆境只不过是每个人面对困难所持有的态度不同而已。如果你微笑着去面对困难，你会发现，克服困难其实很容易！坚强的人，在任何时候都不会感到害怕，而是对任何事物都只是充满了好奇，面对解决困难，只当作满足自己的求知欲，这样的人才能轻而易举地克服困难。

如果我们在做事之前，总是潜意识的把困难无限的放大，那就会给自己增加很多的苦痛。如果我们常对自己说："我能行，我是最好的！"调动自己潜意识的力量，开发自己的潜能，克服"事前困难放大效应"。在我们现实生活中，有许多这样的例子：2004 年雅典奥运会上爆出冷门获得奥运冠军的网球选手李婷、孙甜甜，其成功也得益于心理教练对她们进行的积极心理暗示。

有人说："有许多不可能，只存在于人的想象之中。"没有尝试之前，不要说："我不会做。"因为，我们并不知道自己做过之后会怎样。别在想象中把困难放大。一件事，只要我们想我们能做到，那么，我们就很有希望取得成功。

不要因为恐惧，
就选择了逃避

心理学家指出："恐惧能摧残人的创造精神，足以消灭个性而使人的精神机能趋于衰弱。一旦心怀恐惧的心理、不祥的预感，则做什么事都不可能有高效率。恐惧代表着、指示着人的无能与胆怯。这个恶魔，从古到今，都是人类最可怕的敌人，是人类文明事业的破坏者。"

生活中，有些人人有一种杞人忧天的恐惧感，他们常常猜想着大不幸的降临：要丧财失位，要遭遇不测，要面临火灾水害。假使在他们的儿女离家出门的时候，他们的心中一定会看到种种灾难，他们总是想到最坏的一面。当整个心态和思想随着恐惧的心情而起伏不定时，干任何事情都不可能收到功效。

恐惧甚至使得人们选择逃避。当我们遇到特别难办的事情时，因恐惧而不由自主的产生退缩的心理，因为害怕失败，所以裹足不前，不敢去尝试，这样虽然避免了失败，但却成了真正意义上的懦夫。而一个想要获得成功的人，如果连尝试的机会都不敢留给自己，那么他永远都不可能成为勇者。因此，克服恐惧心理，对我们每个人来说都尤其重要。

勇敢的思想和坚定的信心是治疗恐惧的良药，丘吉尔曾经说过："你若想尝试一下勇者的滋味，一定要像个真正的勇者一样，豁出全部的力量去行动，这时你的恐惧心理将会为勇猛果敢所取代。"要克服恐惧就要鼓起勇气。

秦朝末年，天下大乱，诸侯割据，军阀混战。公元前208年，秦军上将军章邯打败楚地反秦义军首领项梁后，认为楚地已不足忧，遂率20余万秦军北上攻赵，并急调上郡的王离部下20万秦军南下，在巨鹿围困了赵军，无奈之下，赵王派使者向楚怀王以及各国诸侯求援。当时秦军十分强大，救赵诸军驻扎在巨鹿城北，没有人敢前去迎战。项羽为报秦军杀叔父项梁之仇主动请缨，于是楚怀王便以宋义为上将军，项羽为次将，范增为末将，率军六万余北上以解巨鹿之困。

援赵大军进至安阳后，宋义被秦军的气焰所吓倒，逗留46天不敢前进。项羽痛斥宋义的怯懦行为并杀死了他。楚怀王遂封项羽为上将军，并令英布和蒲将军两支起义军也归其指挥。

项羽先派遣部将英布、蒲将军率领两万人为先锋，渡过黄河，切断秦军运粮通道。然后，项羽亲率全部主力渡河，并下令全军将士破釜沉舟，每人只携带三天的干粮，以示决一死战之决心。项羽对将士们说："我们这次出兵巨鹿，有进无退，三天之内，一定要打败秦军。"

项羽破釜沉舟的决心和勇气，极大地鼓舞了将士们的士气。楚军个个士气振奋，以一当十，奋勇死战，九战九捷，大败秦军。齐、燕、魏等各路救赵军队都作壁上观，待楚军大破秦军时，纷纷也冲出营垒助战，最后俘获了秦军统帅王离，杀了其副将，巨鹿之困因而得解。

很多时候，我们想做某件事的时候，却始终没有采取行动；想要对自己做出改变，却没有着手开始；想要找上司谈谈，却始终不敢开口；因为害怕承担风险，拒绝了朋友合伙的邀请。让我们一直耽搁的原因，就是自身的恐惧，它让我们裹足不前，它带走了我们的勇气，带走了我们的热情，如果我们不及时控制它，它还有可能带走我们的自由和生命。恐惧是我们心中最强大的敌人。怕字当头，必然行动不自由、不彻底，或者干脆取消一切行动。恐惧是人类最悲哀的情感之一，恐惧会让人不自信，让人缺乏勇气，做事缩手缩脚。面对周围不利的环境，如果一个人心理滋生出恐惧，那么就永远不能走出困境，并将深陷其中。

季羡林先生说过："我认为，应当恐惧而恐惧者是正常的。应当恐惧而不恐惧者是英雄。我们平常所说的从容镇定，处变不惊，就是指的这个。不应当恐惧而恐惧者是孱头。不应当恐惧而不恐惧者也是正常的。我们都要锻炼自己，对什么事情都不要惊慌失措，而要处变不惊。"

唯有勇气才能战胜恐惧。面对困境，我们要学会增加自己的勇气，不要让对失败的恐惧，绊住我们尝试新事物的脚步。尝试去做令我们感到害怕的事情，坚持做下去，直到获得成功。在林肯之前，很多总统都有废除奴隶制的想法，但都没有去做，而林肯去做了，正是因为鼓起勇气的缘故。当我们勇于面对不再逃避的时候，我们面前的困难就会越来越少。

如果我们对一座高山产生了恐惧，我们就不可能翻过这座高山，因为，因为恐惧，我们已经不可能去试着翻过它了。恐惧使我们一蹶不振，只有鼓起勇气，才能克服一切困难，获得最后的成功。

真正能打败你的
唯有你自己

人的一生当中总会面对各种各样的失败，也许任何一次失败，都会让我们自我怀疑，从而动摇了我们的自信，甚至自我否定而放弃了继续奋斗。而最终导致我们失败的原因从来不是失败和困难，而是我们自己。俾斯麦说过："对于不屈不挠的人来说，没有失败这回事。"一个人只要永不言败地追求自己的梦想，最终必会成功。当然，并不是每个人都能取得他人眼中的成功，但若每个人都为了心中的目标永不言败地奋斗，他必然能取得自身价值意义上的成功。

然而，我们最终的失败并不是一次次失败的累积，有可能是在我们被成功的喜悦冲昏头脑时，败北就在这个时候悄悄逼近。从古至今，倒在困难面前的人的确不计其数，倒在顺境之中的人却也繁如星辰。

这个世界上没有任何人能够改变我们，只有我们自己能改变自己，也没有任何人能够打败我们，也只有我们自己才能打败自己。当我们放弃时，是输给了自己，当我们因没因安逸而丧失警惕，被突如其来的困难一下子撂倒时，我们也是输给了自己。人生最大的敌人其实就是自己。

一位武学高手经过很多年的严格训练，武功不断长进，在一场典礼中，他跪在宗师面前，准备接受神圣的黑带。

"在颁给你黑带之前，你必须再通过一个考验。"武学宗师严肃地说。

"我准备好了。"他回答道。

"黑带的意义是什么？"

"是我学武历程的结束，"徒弟不假思索地回答，"是我辛苦练习武功之后应该得到的肯定。"

"你还没有到拿走黑带的时候，一年之后再来。"武学宗师叹了一口气。

一年后，他再度跪在武学宗师面前，回答同样的问题："黑带意味着我打败了所有的对手，黑带是本门武学中最杰出和最高成就的象征。"武学宗师再一次叹了一口气："你还是没有到拿走黑带的时候，一年之后再来吧。"

又过了一年，他再一次回答了这个问题："黑带代表了自我的超越，而不是被自己打败，也代表了我在武学已有成就的基础上开始了奔向更高的目标。"武学宗师欣慰地说："好，你可以接受黑带，并且开始奋斗了，希望你不断超越自我，切不能败给自己这个敌人！"

自己往往比一切外在的困难都更具杀伤力，因为我们不知道什么时候，我们自身的一个弱点就会跳出来把我们送上绝路。不畏惧困难，我们就能战胜困难，而我们自身的弱点太多了。每个人都有弱点，恐惧心理、惰性、悲观情绪、夜郎自大、放松警惕等等，每个人的一生中都有自己想要完成的目标，柏拉图说过："最先和最后胜利的是征服自己，只有科学地认识自我、正确地设计自我、严格地管理自我，才能站在历史的潮头去开创新的人生。征服自己需要更大的勇气，其胜利也是所有胜利中最光荣的胜利。"要想实现自己的目标，就必须不能被自己的弱点打败，而是首先要战胜自己。

古人说过"修身齐家治国平天下"，"修身"第一，还讲过"吾日三省吾身"等等，就是要人防止自己这个敌人出来作恶，而这些名言所要人做的都很不容易做到。不被自己的弱点打败，就要勇于自我解剖，鲁迅先生曾经说："我的确时时解剖别人，但更多的是无情地解剖我自己。"

当我们因为失意而沮丧时，不能被自己的怯懦打败，当保持精神的振奋；让我们因得意而兴奋时，不能被自己的骄傲打败，应保持头脑的清醒。

不被自己打败，还要超越自我，以达到更高的层次，让自己具有更加坚强的意志。超越自我是一个随时发现、永无止境的过程，没有什么东西是永远不变、一劳永逸的，我们的处境时时在变，因此，我们自己也要时刻变化，困难更大，我们的意志就要更强，成就更高，我们的警惕就要更大。

能打败我们自己的唯有我们自己，着实应当时时警惕。

你远比自己想象的
要坚强百倍

心理学上讲：人们有些时候总是喜欢给自己设定界限，总是给自己心里默认一个"高度"，这个"高度"暗示着自己的潜意识，让我们面对生活中各种问题——感情问题、工作问题等等——时不经意间这么告诉自己：我没有那么坚强，我肯定做不成这件事……

其实，我们远比自己想象的要坚强得多，优秀得多。只是很多时候我们并没有把自身的潜能激发出来。

曾经有个农民在山里打柴时，捡到一只样子奇怪的鸟。这只怪鸟和刚满月的小鸡一样大，还不会飞，于是，农民就把怪鸟带回了家给小儿子玩耍。小孩子玩儿够了，就把怪鸟放在小鸡群里充当小鸡，让母鸡养育着。

慢慢地，怪鸟竟然长成了一只鹰，农民担心鹰再长大会吃鸡，但鹰已经和农民一家产生了感情，不忍杀掉它，便决定将鹰放生，让它永远也不会来。

谁知，农民把鹰带到很远的地方放生了，过不了几天，那只鹰又自己回来了。他们驱赶它不让它进家门,他们甚至将它打得遍体鳞伤……都无法成功。

后来村里的一位老人说:"把鹰交给我吧,我会让它永远不再回来。"老人将鹰带到附近一个最陡峭的悬崖绝壁旁,然后将鹰狠狠向悬崖下的深涧扔去。那只鹰开始如石头般向下坠去,然而快要到涧底时,它终于展开双翅托住了身体,开始缓缓滑翔,最后轻轻拍了拍翅膀,就飞向蔚蓝的天空。它越飞越自由舒展,越飞越高,越飞越远,渐渐变成了一个小黑点,飞出了人们的视野,再也没有回来。

把老鹰置于悬崖之上,它自然能够发现一片天空。人也是一样,处于安逸状态下的人,越容易被一时的安逸与舒适所麻痹,逐渐丧失自我努力与进取的信心。很多时候,我们没有激发出自己的潜能来,也就是因为我们没有遇到足够的困境。当我们抛开安逸的生活,向困难发起挑战的时候,我们就能充分发掘出自己的潜能,坚强的渡过每一个难关。

马克·吐温曾经说过:"每个人都拥有一座潜能的宝藏。我们每个人都蕴藏着巨大的潜在力量,等待着我们去发现、去认识、去开发。这种力量一旦引爆出来,将带给你无穷的信心能量。"人的潜力是无限的,遗憾的是,许多情况下,我们认识不到自己具有的潜力,面对困难和挑战时,首先想到自己不行,自己不够坚强……从而失去了许多超越自我的机会只停在原地踏步。

约翰是音乐系的一名学生，有一次，他翻开自己的全新乐谱后，便皱起了眉："超高难度……"进而，他埋怨起来自己的教授来，自从跟了这位新的导师，约翰不知道教授为什么要以这种方式整人。他勉强打起精神来，开始了很不高兴的练习……

指导教授是个极其有名的音乐大师。授课的第一天，他递给约翰一份乐谱。"试试看吧！"他说。乐谱的难度颇高，约翰弹得生涩僵滞、错误百出。"还不成熟，回去好好练习！"教授在下课时，如此叮嘱约翰。

约翰练习了一个星期，第二周上课时正准备让教授验收，没想到教授又给他一份难度更高的乐谱。"试试看吧！"上星期的课教授也没提。约翰再次挣扎于更高难度的技巧挑战。第三周，更难的乐谱又出现了。

这样的情形持续着，约翰感到越来越不安、沮丧和气馁。

约翰再也忍不住了，他向教授提出这三个月来何以不断折磨自己的质疑。教授没开口，他抽出最早的那份乐谱，交给约翰："你来弹弹这份乐谱吧！"

不可思议的事情发生了，连约翰自己都惊讶万分，他把曲子演奏得非常完美、精妙……

"如果我不这样训练你，可能你现在还在练习最早的那份乐谱，也就不会有现在这样的程度……"教授缓缓地说。

人的潜能是永远挖掘不尽的，就像一座永远也挖不尽的金矿，你可以从这座金矿取得所需的一切东西。如果能唤醒这种潜在的巨大力量,往往会出现奇迹。

对于我们来说,并不是因为有些事情难以做到,我们才没有信心,而是因为我们本来没有信心,而显得哪些事情难以做到,我们首先把自己的"高度"定在不够坚强的层次,我们自然就不要想去完成什么事业了。

倘若我们对自己深信不疑,不去想"做不到",去掉"不可能"的思想观念,勇敢地迈出第一步,硬着头皮去继续做事,当我们取得成功的时候,就会发现,其实那些困难没什么,我们也没有像自己当初想得那样脆弱。

如果最坏的情况你都能接受，那还怕什么

有人曾被朋友问到工作是否有起色，她回答说："我已经尽力，而且还会继续尽力。如果还是不行，大不了休息几天，正好准备考试。"朋友问她为什么这么悲观，她回答说："琢磨能否接受最坏的，如果能，那就开开心心地继续走，这是乐观的想法。"

如果我们担心一场灾难会降临到自己头上，那么，我们首先在自己心里先预想最坏的结果，然后接受它，再然后，我们想办法解决和避免，这样，事情的真正结果往往会出乎我们意料，即使我们的努力白费，结果依然最坏，那么也没有关系，因为我们早就接受了它。

艾尔因为常常发愁，得了胃溃疡。医生说他的胃溃疡已经非常严重，并且到了无可救药的地步。于是，他决定利用自己剩余不多的时间去实现自己的梦想：环游世界！

于是决定利用剩余不多的时间去实现自己的梦想——环游世界。医生大吃一惊，并企图阻止他。医生告诉他说："如果你开始

环游世界，就只有葬在海里了。"

但是，艾尔并没有放弃，而是买了一口棺材，把棺材放在船上，并和轮船公司约好，万一自己去世，就让公司把自己的尸体放在冷冻舱里，然后运给自己的家人。就这样，他开始了旅程，心里默念着一首诗："啊，在我们零落为泥之前，岂能辜负，不拼作一生欢，物化为泥，永寐黄泉下，没酒、没弦、没歌伎，而且没明天。"

艾尔的身体并没有像医生预计的那么糟糕，反而病情有了好转。不久之后，他发现自己竟然可以吃任何食物了！

又过了几周，他甚至可以抽长长的黑雪茄，喝几杯老酒，多年来他从来没有这样享受过。他们在印度洋上遇到季风，在太平洋上遇到台风，这种事情就是一个健康的人如果因为过度恐惧，也会精神崩溃躺进棺材里的，可是他却从这次冒险中得到了很大的乐趣，因为他早已经接受了可能发生的最坏的情况。

回到美国之后，艾尔的体重恢复正常，开始投入工作，他几乎完全忘记了自己曾患过胃溃疡，而且之后他一天也没再病过。

接受最坏的情况能够让我们在心理上发挥能力。当我们处于人生低潮之时，可以转念想，低潮是向高潮迈进的开始，这样的心境一定可以鼓舞自己，让我们做到以为自己做不到的事情，克服自己以为自己克服不了的困难。日本作家中岛薰曾经说过："认为自己做不到，只是一种错觉。"无论在什么时候，我们都应该相信自己。

《不带钱去旅行》的作者是个犹太人，他的名字是麦克·英泰尔。一切源于某个午后，他检讨自己的过去，很诚实地为自己的恐惧开出一张清单：打小时候他就怕保姆、怕邮差、怕鸟、怕猫、怕蛇、怕蝙蝠、怕黑暗、怕城市、怕荒野、怕热闹又怕孤独、怕失败又怕成功、怕精神崩溃……

继续回想这30多年的时光，他又发现，他根本没有自信，因此，即使有机会做自己想做的事，也总是因为"害怕"两个字而一再退缩。他不断地回想、反省，懊恼地对自己说："什么都怕，活着能干什么？什么都听别人的，活着有什么意义？"当他强烈质疑着自己的存在价值时，他下定决心："我一定要突破这一切！"

于是他大胆做出了决定，开始旅行，终点：美国东北卡罗来纳州的恐怖角。他想要因此而征服生命中的一切恐惧！

凭着信心和一份坚强的毅力，从来没有独立完成过一件事的麦克·英泰尔，真的成功了。

没有接受过任何金钱的馈赠，在雷雨交加中睡在潮湿的睡袋里；也有几个像公路分尸案杀手或抢匪的家伙使他心惊胆战；在游民之家靠打工换取住宿；碰到过患有精神疾病的好心人。他依赖了82位陌生人，完成了4000多英里的路程，终于抵达了目的地。

一毛钱也没有花的英泰尔，在成功抵达目的地时，立即对着那些等待他的人们说："我不是要证明金钱无用，这项挑战最重要的意义是，我终于克服了心理的恐惧！从此我将无所畏惧了，因为我在这一路上，度过了最坏的情况！"

其实，我们每个人承受苦难的潜能都是无限的。我们也不知道什么时候能够遭遇人生中"最坏的情况"，但是，我们要做好应对"最坏的情况"的准备，当"最坏的情况"到来，不是逃避，更不是放弃。有时候，坏的情况也不容许我们选择逃避和放弃，有时候，就算我们做了最坏的打算，也经常会出乎意料，如果我们不继续走下去，那么我们将永远不会知道最坏的情况。

"最坏的情况"只是一个名词而已，最重要的是我们无所畏惧的精神。时刻告诉自己："最坏的情况我都能接受，我还怕什么？"当阳熬过了风雨，彩后出现，我们也许会发现，其实那些困难其实并没有那么难，我们品尝过的苦水，也并没有那么苦。

没有计划的人
一定被计划掉

经常听到身边的朋友讲这样一些话："我很迷茫……""我后悔了……""如果时间重来,我一定会……"那么,你是否也会经常抱怨老天的不公平、生活压力繁重、人际关系难处、工作不如意等等烦恼呢?"新东方"创始人之一徐小平曾经说过一句颇有哲理的话:"人生没有设计,你离挨饿只有三天。"话虽然有些夸张,但在竞争如此激烈的当今社会,"人生需要规划"已经是毋庸置疑的思想理念。

但实际情况却是,世界上有六十多亿人口,能按照自己的意愿生活的人少之又少,为什么会这样呢?

让我们借用哈佛大学的一个著名试验来说明。

20世纪中叶,一位哈佛大学的著名社会学教授访谈了1000名即将毕业的本校学生,问他们一个很简单的问题,即"您对自己的人生有没有清晰的人生规划"。得到的结果是,只有很小一部分(不到4%)学生说对自己的人生拥有清晰的人生规划;一部分(大约占 16%）的学生虽然有规划，但不是很清晰。

30 年过去了，这位执着的教授又回访了这些学生，除了 35 位由于过世或其他原因未能联系到以外，其他 965 名学生都取得了联系，该教授通过对他们的健康、家庭、事业、情感、财务等多项指标的统计，发现一个很有趣也很惊人的结果。

数据表明，当年毕业时那些拥有清晰人生规划的学生，在以上的各项指标中得分都是最高的，他们不仅拥有健康的身体、美满的家庭、成功的事业，还获得了平衡的心灵和令人羡慕不已的财务自由。

而那些有模糊的人生规划的人（不到 16% 的人），成为各行各业中的专业人士，虽然其中不少人薪水较高，但健康、家庭与心灵等诸多方面产生了不少矛盾，身心疲惫成为他们一致的特征。

当然，在回访的人群中所占人数是最多的，是当年 80% 以上的没有任何规划的人，他们一般是工作几年之后，一旦衣食无忧就不再持续努力了，所以他们中大多数人都只能长期作为一个平凡的职员、技术人员或销售人员，而不能取得非凡的成就，甚至还有不少人靠政府的失业救济金勉强度日。

可见，就连哈佛大学这样的世界名校也不能保证每个人的成功，更何况我们芸芸众生，如此多的普通人。

那我们如何才能成为像那 4% 一样拥有完美人生的"幸运儿"呢？关键就在于你对自己一定要有清晰的人生规划！

第四章
熬得住出彩，熬不住出局

没有计划的人往往被规划掉，而用心规划的人生才更容易成功。

有这样一个故事：1944年，美国洛杉矶郊区的一个没有见过世面的15岁少年约翰·戈达德在"一生的志愿"表格上认真地填写了127个目标。这些目标包括：到尼罗河、亚马孙河和刚果河探险；登上珠穆朗玛峰、乞力马扎罗山和麦特荷思山；骑上大象、骆驼、鸵鸟和野马；探访马可·波罗、亚历山大一世走过的道路；驾驶飞行器起飞降落；读完莎士比亚、柏拉图和亚里士多德的著作；写一本书……

写完后，他给每个目标编号说："这就是我的生命志愿，我要用自己的生命去一一完成！"

16岁那年，他和父亲到了乔治亚州的奥克费诺基大沼泽和佛罗里达州的艾佛格莱兹探险，他完成了表上第一个项目；

18岁的秋天，他踏着漫天落叶离开了自己的家乡；

20岁的时候，他成为了一名空军驾驶员；

21岁的时候，他已经到21个国家旅行过；

22岁，他在危地马拉的丛林深处发现了一座玛雅文化的古庙。同年，他成为了"洛杉矶探险家俱乐部"有史以来最年轻的成员……在亚马孙河探险时，他几次船毁落水，差点儿死去；在刚果河，他几乎葬身鱼腹；在乞力马扎罗山上，他遇到雪崩，甚至被凶猛的雪豹追逐。将近60岁的时候，他已经实现了127项目标中的106项。这在一个普通人看来实在是一个奇迹。

"想赚1亿元的人和想赚100亿元的人,他们赚钱、花钱的方式肯定不一样;想攻读博士学位的人和一心盼着毕业就踏入社会工作的人,在学习的量和质上是一定会有很大差距的。"

这个差距的原因,就在于你是如何规划自己的人生的。当你有了规划,人生才不会迷茫。有了人生的规划,我们不仅清楚自己现在所处的位置,更清楚自己下一步所要迈出的方向。

生命的奖赏
从来不在起点

生活中，谁都难免会遇到挫折和逆境。看得远的人，往往不会计较一时的得失成败，因为他们懂得人生是一场长跑，开始跑得快的未必最后会赢，坚持到最后的才是真正的胜利。而目光短浅的人往往只为一时的成败得失而忐忑不安、忧心忡忡，这样又怎能有一个良好的心态去迎接命运的挑战呢？

目光短浅的人，一遇到挫折往往就不知所措，很容易放弃，试想，凡事不能坚持下去，成功的大门绝不会轻易地开启。除了坚持不懈，成功并没有其他秘诀。

成功学大师斯维特·马尔登指出："在所有那些最终决定成功与否的品质中，'坚持'无疑是你最终实现目标的关键。"

而被誉为"各行各业巅峰战士的终极教练"的安东尼·罗宾说："在通往目标的历程中，挫折并不可怕，可怕的是因挫折而产生对自己能力的怀疑，从而放弃了目标。"

你自己不怀疑自己，就没有人能够质疑你的努力；你自己不放弃自己，就没有任何事情能够打败你。

1832年，林肯失业了，这显然使他很伤心，但他下决心要当政治家，当州议员，糟糕的是他竞选失败了。在一年里遭受两次打击，这对他来说无疑是痛苦的。

1835年，林肯订婚了，但距结婚还差几个月的时候，未婚妻不幸去世。这对他精神上的打击实在太大了，他心力交瘁，数月卧床不起。

1836年他还得过神经衰弱症。1838年他觉得身体状况良好，于是决定竞选州议会议长，可他失败了。1843年，他又参加竞选美国国会议员，但这次仍然没有成功。他着手自己开办企业，可一年不到，这家企业又倒闭了。

在以后17年间，他不得不为偿还企业倒闭时所欠的债务而到处奔波，历尽磨难。他再一次决定参加竞选州议员，这次他成功了。他内心萌生了一丝希望，认为自己的生活有了转机，"可能我可以成功了！"

他虽然一次次地尝试，但却一次次地遭受失败：企业倒闭、情人去世、竞选败北。要是你碰到这一切，你会不会放弃——放弃这些对你来说重要的事情？他没有放弃，他也没有说："要是失败会怎样？"

1846年，他又一次参加竞选国会议员，最后终于当选了。

两年任期很快过去了，他决定争取连任。他认为自己作为国会议员表现是出色的，相信选民会继续选举他。但结果很遗憾，他落选了。

因为这次竞选他赔了一大笔钱，他申请当本州的土地官员。但州政府把他的申请退了回来，上面指出："做本州的土地官员要求有卓越的才能和超常的智力，你的申请未能满足这些要求。"

接连两次失败，在这种情况下你会坚持继续努力吗？你会不会说"我失败了"？然而，林肯没有服输。1854年，他竞选参议员，但失败了；两年后他竞选美国副总统提名，结果被对手击败；又过了两年，他再一次竞选参议员，但还是失败了。

在林肯大半生的奋斗和进取中，有九次失败，只有三次成功，而第三次成功就是当选为美国的第十六届总统。那屡次的失败并没有动摇他坚定的信念，而是起到了激励和鞭策的作用。每个人都难免遇到挫折和失败，然而亚伯拉罕·林肯面对失败没有退却、没有逃避，他坚持着、奋斗着。他始终有充分的信心向命运挑战，压根就没想过要放弃努力，他可以畏缩不前，不过他没有退却，所以迎来了辉煌的人生。

举重冠军詹姆斯·J·柯伯特常说："再奋斗一回，你就成了冠军。事情越来越艰难，但你仍需再努把力。只要你持续不断地努力，就几乎能够战胜一切困难，克服一切障碍，完成成一切任务。"

生命的奖赏远在旅途终点，而不是在起点附近。你不知道要走多少步才能达到目标，踏上第一千步的时候，仍然可能遭到失败。

但成功就藏在拐角后面,除非拐了弯,否则你永远不知道还有多远。再前进一步如果没有用,就再向前一步。很多时候,成功与失败,就在于你是否能够再坚持一下熬过去。

第五章

任何一种经历,都是一种造就

生命经过淬炼
才能展现华美

不可避免的伤病侵袭,难以预料的灾害发生,各种不如意的人生挫折……生活总是要求我们去面对一些我们所不愿意面对的痛苦。在坎坷蜿蜒的人生道路上行走,各种痛苦不可抗拒,我们有时会捂着伤口,有时会抱怨人生……

人生的痛苦虽然不可抗拒,但我们有选择的权力。我们可以选择坦然面对生活中总要经历的苦难,笑着接受那些必须经历的痛苦。世间万物,无论矿物、植物、还是人物都必须经过淬炼,才能提炼精华。深山里的金银铜铁,如果没有经过冶炼,无法成器,又何能成为黄金、钻石、美玉呢?

纪伯伦的寓言里有一则故事:一只蚌跟它附近的另一只蚌说:"我身体里边有个极大的痛苦,它圆圆的,很沉重,我遭难了。"另一只蚌怀着骄傲自满的情绪答道:"赞美上天也赞美大海,我身体里边毫无痛苦,我里里外外都很健全。"这时有一只螃蟹经过,听到了两只蚌的谈话,它对那只里里外外都很健全的蚌说:"是的,你是健全的,然而你的邻居所承受的痛苦,乃是一颗异常美丽的珍珠。"

痛苦是人生的必修课,人生如同登山,要一步步向上攀登,总是贪图享乐,不想经受痛苦和磨难,要轻轻松松地过上体面的生活,这是不可能的,今天逃避了痛苦,将来总有一天要补上。

上帝对每个人都是公平的,给每个人的人生中都会安排痛苦和快乐。想要逃避痛苦的人,早晚痛苦会降临;主动拥抱痛苦的人,不仅会逼退痛苦,而且历练了自己。

甲、乙两个大学生毕业之后,甲选择留在城里,于是挖空心思进入了一个各方面条件都很好的企业里当职工;乙则回到了家乡,在一家小企业里打工。

几年后,甲、乙两人在一个订货会上相遇了。甲虽然还是普通员工,但是西装革履,手机皮包;乙虽然已经是副厂长了,但土里土气,衣衫寒酸。甲跟乙说:"向上走舒服一点儿。"乙笑着回说:"向下走,就艰苦一点儿。"事实上也是如此,甲的工作无忧无虑,乙一直在艰苦中奋发向上。

又过了几年,企业实行改制,甲乙所在的企业都在改制的企业当中。没有突出贡献和技术优势的甲被炒了鱿鱼,成绩突出、能力超群的乙则被推为总经理。甲从报上看到一家公司的招聘简章,登门求职,遇到了乙。了解了情况后,对甲拒绝录用……

人生就是一份答卷,然而,这份答卷和我们经历过的各种考试都不相同，对于这份答卷，每个人有每个人的答案。甲从一开始就想逃避难题，逃避痛苦，而乙却用一系列的难题来证明自己，主动拥抱痛苦，最终淬炼了自己……

尼采说："极度的痛苦才是精神的最后解放者，唯有此种痛苦，才强迫我们大彻大悟。"痛苦是成长的一部分。生活的不幸、事业的失败、情感生活的失意，人生处处都有不如意的存在，成长就是痛苦的累积。无论是蝉的蜕变，还是蚕的破茧，都是痛彻心扉、撕心裂肺的同，但正因为如此，它们的生命得到了升华和延续。

"宝剑锋从磨砺出，梅花香自苦寒来。"自古英雄多经历过大灾大难，痛苦而后发，他们与凡人的不同之处就是抓住了痛苦背后的机遇，在痛苦中创造了奇迹。这正迎合了那一句哲言："唯有痛苦才能带来教益。"痛苦往往让我们的成长变得更有价值，也变得更有分量。罗斯福总统患上脊髓灰质炎，开始的时候痛苦不堪，然而，他逐步找回了自信和价值，开始了坚持不懈地锻炼，企图恢复行走和站立能力，他用以疗病的佐治亚温泉被众人称之为"笑声震天的地方"。

其实，生活就像一朵黑色的曼陀罗，在疼痛中挥洒妖艳，在无尽的黑色里涌动出生命的暗香。

只要我们摆正心态，生活中多一分痛苦，人生便可以多一分历练。痛苦就像生命的刻度一样，记录着我们人生的成长。正如我们费尽千辛万苦攀上山顶的时候，手中的茧子和伤疤都是一种见证。

因此，有人说："人生就是交响乐，只有配置了苦痛的低音区才能演奏出抑扬顿挫的动人乐章。虽然谁都不情愿遭遇痛苦，但唯有拥抱痛苦，才会懂得享受生活的甘甜。"

奥古斯狄尼斯曾经说过："在任何情况下，遭受的痛苦越深，随之而来的喜悦也就越大。"痛苦是一种公平的赐予，喜悦紧随其后。当我们一路走来，回首往事，总会发现，自己已经走过的痛苦，就是一粒一粒的珍珠，藏在我们的回忆里，启示着我们的未来。

"心想事成"是对一个人最无情的待遇

16岁的印度美少女辛吉妮·塞古塔喜欢歌舞,还演过电影。一次电视歌舞比赛中,当骄傲得意的辛吉妮表演完毕,一位"毒舌评委"毫不客气地批评她,认为辛吉妮今天的表演很差劲。结果,一直被表扬、从来没有被打击的辛吉妮,白眼一翻当场昏倒在地。不久,她的情况变得更糟,先是失去了语言能力,接着连四肢也无法动弹,仿佛得了失忆症,什么都不记得了。

没有经历过失败的成功必定是暂时的,就像一座根基不坚固的高楼,虽然高耸却摇摇欲坠。

品学兼优、相貌出众的蔺优毕业后应聘到一家报社担任主管,刚刚来到公司,她就得到了上司的器重和男同事的青睐,但是,她和公司的女同事根本无法相处。

她认为所有的女同事都嫉妒她,故意找她的麻烦,因此对女同事都充满了敌意,并经常因为各种鸡毛蒜皮的小事和女同事们争吵不休。很快,她就和女同事吵了个遍。

紧接着，上司和男同事也都疏远了她。

她终于忍不住要去找上司倾诉自己的委屈了，上司却说她不够成熟，建议她从最底层的职员做起，锻炼一下自己，磨合一下和同事的关系。从来都是心想事成的蔺优无法接受上司的建议，选择了辞职。

其实，"心想事成"是对一个人最无情的待遇，一个不曾经历过风暴的出海人，必定对突如其来的风暴产生恐惧，最终有可能无法应对，葬身大海。有个主持人曾经采访过一位成功人士，这位众人眼中的成功者说："你们不应该采访成功者，而应该采访失败者；成功者的经验并不会让人取得成功，但失败者的经验却可以让人避免失败。"对于一个决心做大事的人，在他前进的道路上没有失败并不是一件好事，因为失败可以让人积累经验，而廉价的成功只能让人变得更加自负。

一帆风顺的人最不缺的就是鲜花和掌声，掌声和鲜花越多，越希望得到更多的掌声，也因此，更加承受不了挫败和打击了。这样的人缺少的反而是挫败和痛苦。一个受过打击、具有耐挫能力的人才能在社会竞争中谋得一席之地。

被人称为"腐乳大王"的曹约泽就是曾饱尝失败，又从失败走向成功的人。

2003年，曹约泽从单位辞职，开始生产豆腐乳。2004年春节前，曹约泽的产品进入市场。对于自己的产品他满怀信心，并期待着能够"一炮走红"。但令他没想到的是,接踵而来的不是如雪片般飞来的订单,而是如北风般令人彻骨生寒的批评和指责。因为工艺上的不合格,很多人吃了他的腐乳之后,感到肚子难受,因此他的产品市场和口碑一落千丈,零售商们纷纷退货……

当时,正值春节前夕,债主们纷纷上门讨债。消费者的指责和他人的嘲讽也充斥在他的四周,这无疑给他带来了非常大的心理负担。

经过了暂时的痛苦之后,在失败中他开始反思,他静下心来仔细分析问题到底出在何处。经过一番详细的调查,他发现,由于生产的豆腐太嫩,在发酵时产生了一种病菌,这种细菌对腐乳的口味没有太大改变,但吃过之后却会非常不舒服。

找到了问题所在,曹约泽就开始着手解决问题。他和手下的员工开始潜心钻研豆腐研制的技术,改进腐乳的生产流程。经过不懈地努力,问题终于解决了,他的腐乳又能重新上市了。到了2005年底,他不但将欠款还清了,还拥有了一个畅销的腐乳品牌。

我们每个人都希望自己能够心想事成,但这是不可能的。很多时候,我们在一些小事情上,确实比较容易心想事成,但这对于我们今后做更大的事情来说,并不一定是件好事。因为一直被成功的喜悦包围着的人总是喜欢将自己的努力与能力无限放大,这时迎接他的往往是更惨重的失败。对于一个经历过失败的成功者来说,因为有了失败的教训,他们能够以更坦然的心态、更缜密的思维、更巧妙的手段,来面对失败。

一帆风顺和万事如意只是美好的愿望和美丽的传说。当我们一帆风顺时,我们可能正在往万丈深渊里下落,正如同仲永逐渐泯灭自己的才华,最终成为一个庸碌无为的平庸之人。

准备出海,就要准备迎接风浪。不想摔跤,最好的办法就是不去学习走路。如果我们不去想出人头地,不去想实现梦想,那就不必去冒险拼搏,如果我们希望自己能够取得一些喜人的成就,那就一定要准备好面对失败,忘掉之前的没有挫折的"心想事成"的过去。

你不够成功，
是因为你失败的次数还不够多

　　小时候，我们学骑自行车的时候也许都有这样的经历，父亲会跟我们说："当你摔倒100次的时候，你就学会了。"然而，在学骑自行车的过程中，虽然有无数次跌倒，吃过无数次苦头，却几乎没有人跌倒过100次，我们就已经学会了。而在这个过程中，我们不仅学会了骑自行车，而且应当懂得了成功的哲学。

　　成功的哲学就是不畏失败，屡败屡战，跌倒了要有勇气再爬起来。如果因为一次的跌倒，我们就丧失了学自行车的勇气，那么我们就永远不可能学会了。

　　美国曾经有一位穷苦潦倒的年轻人，即使身上全部的钱都加起来都不够买一件像样的西服的时候，仍全心全意地坚持着心中的梦想。他想做演员，拍电影，当明星。

　　当时，好莱坞有500家电影公司，他带着自己写好的剧本对这500家电影公司开始了逐一拜访。但当他拜访完所有的500家电影公司后，竟然没有一家愿意聘用他。

面对无情的拒绝，这位年轻人没有灰心，从最后一家被拒绝的电影公司出来后，他又回去从第一家开始，继续了他的第二轮拜访与自我推荐。

在第二轮拜访中，他仍然遭到了 500 次拒绝。

在第三轮拜访中，他仍然遭到了 500 次拒绝。

这位年轻人毫不气馁，又开始了他的第四次行动。当他拜访完第 349 家后，第 350 家电影公司的老板破天荒地答应让他留下剧本先看一看。此时，他已经经历了 1849 次拒绝。

几天后年轻人获得通知：请他前去详细商谈。

就在这次商谈中，这家公司决定投资开拍这部电影，并请这位年轻人担任男主角。

这部电影名叫《洛奇》。这位年轻人叫席维斯·史泰龙。

翻开任何一部电影史，这部叫《洛奇》的电影与这个日后红遍全世界的巨星都榜上有名。

人生就是一个舞台，我们扮演着各种角色。我们各有所爱，各有所好，各有各的理想，各有各的追求。但人们都喜欢成功。之所以这样，是因为人们以为成功是一种收获，的确，事实也如此，当我们获得成功的时候，我们会喜悦和兴奋，会得到别人的认可和支持，但人们往往因为太看重成功，而忽视了失败。其实，失败也是一种收获，这种收获是迈向成功的原始积累。

其实有时候我们觉得自己不够成功，只是因为我们的失败次数还不够多,就像我们想要挖一口井,水层在地下的 20 米,这时即使我们挖到地下 19 米都是失败,但反过来想一想,如果没有这前 19 米的失败,就不可能有第 20 米的成功。

面对失败,我们要坚定自己的信念,拿出 10 倍的勇气与它勇敢作战。华德·迪士尼为了实现建立"地球最欢乐之地"的美梦,四处向银行融资,可是被拒绝了三百零二次之多,每家银行都认为他的想法怪异,但他并没有放弃。今天,每年有上百万游客享受到前所未有的"迪士尼欢乐",这全都出于一个人的决心;发明大王爱迪生一生有一千多项发明成果,但他一生的失败次数却达十几万次。这一千多项发明,便是以这十几万次的失败作基石,坚持努力的结果。如果我们没有勇气面对第一千次失败,第一万次失败,那么,我们凭什么说,成功不属于我们呢?

不少人在创业之初就有自己规划已久的蓝图,但在创业困难时期,遭遇一点儿挫折和失败,就往往轻易地就做出解散企业或团队的举动。这就像打游戏闯关,我们通过不了这一关,就无法开启下一关的入口。

孙悟空要保护唐僧西天取经,临行前向观音菩萨诉苦。孙悟空说:"菩萨,俺老孙翻一个筋斗就能跨越十万八千里,还不如让我背着师父,一个筋斗就飞到了西天,何苦还要跋山涉水,历尽千难万险?这一路上没准会遇到妖魔鬼怪,怕是天竺没有赶到,我师父的这尊真命之身都已经变成尸骨残骸了。"

观音菩萨曾经笑着对孙悟空说:"如果我让你一个筋斗就翻到西天去的话,那还有什么意义呢?那还叫什么西天取经呢?你们什么磨难和苦痛都没有经历过,就想轻而易举地修得正果之身,你认为佛祖会让你们师徒功德圆满吗?"

不经历九九八十一难考验,就不能修成正果;不经过人生的种种磨难,就不能有所成就。失败就是成功道路上的一个步骤,是我们必须经历的,有些事,我们要经历小失败,有些事,我们就要经历大失败,经历多次失败,在失败中,我们不断看到自己的不足,不断认识到自己需要提高和改进的地方,不断学习,总结经验,我们迟早会叩开成功的大门。

失败并不可怕,可怕的是面对失败灰心丧气,在失败的打击下一蹶不振,失去一颗敢于尝试、继续努力的心。而只要我们继续下去,就有成功的希望和可能。

命运从来都是掌握在自己的手中的。摆正心态,正视失败,准备去历经九九八十一难!

没有否定，
比没有肯定更可怕

有一份杂志上曾介绍过鹰的重生。鹰是世界上寿命最长的鸟类，它一生的年龄可达70岁。它在"中年"的时候有两种选择：要么等死，要么蜕变。蜕变是一个极其痛苦的过程，鹰首先用它已经老去的喙击打岩石，直到其完全脱落，然后用新长出的喙把爪子上老化的趾甲一根一根拔掉，当新的趾甲长出来后，鹰便用新的趾甲把身上的羽毛一根一根拔掉，以便新的羽毛可以长出来，供其再次翱翔。

鹰的重生是对自己的一次全面否定，它必须这么做，为了重生，这是必须经历的痛苦。对于我们人来说，也是一样，凡是想要追求自己的理想，实现自我人生价值的，都要面对别人的误解和质疑，有时候，我们甚至会面对他人全面的否定。

作为华尔街职位最高的女人，花旗集团首席财务官兼执行总裁克劳切特女士可谓风光无限，但很少有人知道，能走到今天这一步，她经受了多少质疑、非议和否定，正是这些否定让克劳切特一天比一天坚强，让原本柔弱的女孩变成了华尔街的"铁玫瑰"。

第五章
任何一种经历，都是一种造就

在离开学校之后，克莱切特决心做一名研究分析师。1994年，她向华尔街上几乎所有的公司投出了简历，但没有一家公司肯录用她。克劳切特说："美邦拒绝了我两次。他们不确定我有没有收到拒信，所以发了两次。最后我明白了，他们不会再回信了，我对此非常灰心。不过这种低沉的情绪只持续了很短的时间，很快我就重新燃起了信心，而且这次我也明白了一个道理，那就是如果想要成功，你就要坦然面对别人的否定。"

克劳切特牢牢地记下了这些公司的名字——所罗门兄弟、高盛、美林、摩根士丹利、美邦银行。

她决定要用实力向他们证明自己可以，最后她的确做到了，她让这些公司刮目相看，为自己当年的短视而后悔。

现在成为领导者的克劳切特仍然注意他人的否定对自己的意义，她说："当下属们偶尔迁怒于我、否定我、和我作对时，我都能坦然面对。因为我明白，当我与下属们的观点不一样时，他们总会对我说'你疯了，你错了'，他们会攻击我，在会议上和我争论，在背后说我的坏话。但这一切都是非常正常的，因为没有他人的否定意见，所有决定都由一个人来做的话，那么我是肯定会翻跟头的。"

人生本来就是一个不断寻找自我的过程。很多人在年轻的时候都拥有很美好的理想，但因为种种原因，总有人不断掉队、迷失。只有那些不断修正、不断重新发现自己的人，才能够成为真正的强者。而否定恰恰能让我们找到正确的方向，不断修正自我。

被否定固然是一种痛苦的事情，在别人的否定中，有些人会就此沉沦，有些人则选择了坚守。选择沉沦的人很可能就平庸下去，而选择接受否定、坚持自我的人，则在否定中锻炼了意志，找寻到属于自己的成长路径。

在别人的肯定中，我们当然可以受到鼓舞，但是，没有别人的肯定，也便是没有一份承受别人期待的压力，我们依然是可以向前迈进，突破自我的。只有肯定，没有否定，这很容易让我们走上自负忘我的道路。由此可见，否定远远比肯定重要。没有一个成功者是没有被否定过的，正是在否定中不断成长，他们才成就了最终的自己。成长在众人目光的注视中，一举一动都有人在关注，从小到大都被鲜花和掌声包围着，这样的人很容易走向两个极端，一是被盛赞带来的压力拖垮，一是被赞美和鲜花陶醉得骄纵无比，最终一败涂地。

反观那些被命运"抛弃"的孩子，因为无论是自己还是他人，都对他们没有过高的要求，所以能够给他们带来一个相对宽松的环境。舒尔茨曾被认为是一个无可救药的失败者，几乎所有人都否定他的前途，因此，他默默地拿起了画笔，最终成为了一个伟大的漫画家。

否定，是压力，也是动力。有些人确实会在否定中沉沦下去，但否定也能让坚持自我的人更加清醒。其实成功就像是把一块石膏做成雕塑，需要不断地修正才能最终得到你想要的形状。无论是他人的否定还是自我否定，都是修正的一股动力。只有不断地接受否定，反思自己，我们才能够取得最后的成功。

俗话说："良药苦利于病，忠言逆利于行。"否定，就是良药，就是忠言，利于我们治愈成功之路上焦躁的病痛，利于我们走向更远，实现梦想。

总有一天，
你会感谢昨日的磨砺和坎坷

人生路上的贫困和坎坷，似乎谁也不喜欢它，想拒它于千里之外，甚至看见这个字眼就眉头紧皱。

其实，当我们取得成功的时候，我们会发现，正是因为曾经的贫穷激励了我们，曾经的坎坷磨炼了我们。在《风雨哈佛路》一书中，莉丝说："我为什么要觉得可怜，这就是我的生活。我甚至要感谢它，它让我在任何情况下都必须往前走。我没有退路，我只能不停地努力向前走。"

有一个小伙子出身于一个残缺不全的家庭：父亲是瞎子乞丐，母亲与大弟精神异常又重度智障，一家 4 口曾全靠他乞讨为生。他在坟地里、猪圈中睡了 17 年，忍受了 17 年的讥讽、耻笑与鄙视。但是，这些都没有消磨他对生活的热情。

他想向世人证明：乞丐也有出人头地的一天！为了使父母摆脱这种非人的生活，他拼命地学习、花别人双倍的努力，最终成了台湾一家专门生产消防器材公司的厂长，并被选为台湾第 37 届十大杰出青年。他的名字就叫赖东进。

在颁奖典礼上,他说:"我要说,我对生活充满了感恩的心情。我感谢我的父母,他们虽然瞎,但给了我生命,至今我还跪着给他们喂饭;我还感谢苦难命运,是苦难磨炼了我,给了我这样一份与众不同的人生;我也感谢我的丈母娘,是她用扁担打我,让我知道要想得到爱情,必须奋斗必须有出息……"

人都是有惰性的,每个人都贪图安逸,不愿意面对贫困和坎坷。然而,心理学家研究发现,每个人身上都蕴藏着巨大的潜能,人只有在一定的压力之下,才能最大限度地开发出自己的潜能。这就是那些经历过痛苦的人能够取得更大成功的原因。人们只有在逆境中,才会为改变现状及抗争命运做出永不停歇的努力与拼搏,越是处于安逸状态之下,越容易被一时的安逸与舒适麻痹,逐渐丧失自我努力与进取的动力,这正应了孟子说说:"生于忧患,死于安乐。"

"自古磨难出英雄,从来纨绔少伟男。"苦难给予我们的不仅是体魄,还有如何在暴风雨中航行的方法。更重要的是,它历练了我们的心灵和品格。那些真正的苦难使人们放弃幻想、直面人生,与困难搏斗,最终使人们经受住磨难的考验,变得更加坚强。一个从来没有见过猛虎的人,可能会惧怕豹子,但是一个战胜老虎的人,面对更强壮的狮子都不会退缩。苦难就像人生的拦路虎,今天你战胜了它,明天就无所畏惧。当然,很多人在面对生活的残酷时,会不知所措,会迷茫其中,甚至最终认命,不去做出任何促成改变的努力，贫困的打击和人生的坎坷对于这样的人是没有用的。

贫困和坎坷只是对我们的一种考验，它会让我们在收获的时刻，感到更加幸福和喜悦。如果人生少了痛苦的经历，那将也会是一种缺憾；人生有了痛苦，才会更加绚丽多彩。

有一个男孩出生在一个贫困的小山村里，他从小就有一个志向，那就是希望通过自己的努力改变命运。然而，他刚上高中，父亲就病故了，因此他产生了退学的念头，想帮助母亲一起承担家庭重担。母亲不同意，并且打了他一个耳光。

为了供他念书，母亲省吃俭用，在连续5年的时间里，从未添置过一件衣服。这个男孩很争气，3年之后，考进了大学。为了减轻家庭负担，在休息日，他利用自己所学的专业，到一家公司打工。

在4年的假期里，为了节省路费，他只回家过一次。也就是在那一次回家，他用打工挣来的钱，为母亲买了一件上衣。当母亲穿上那件新衣服的时候，忍不住哭了。他和妹妹也失声哭了起来。

大学毕业后，他应聘进一家科研公司工作，因工作出色，深得老板赏识。后来积累了经验的他辞职，独自出来创业。3年之后，在他的努力打拼下，公司迅速发展起来，手下员工已过300名。

他曾经对他的员工说："当你置身痛苦的时候，只要坚持下去，你就会发现，从前的痛苦对于你的一生，将是最美丽的回忆！"

不要抱怨我们人生路上的贫困和坎坷，未来总有一天我们会感谢今天的痛苦经历。

经历痛苦,我们才会更加坚强,才会更加成熟;经历痛苦,我们也便更加懂得珍惜成功的来之不易,更加懂得享受人生的美好。

当我们走出贫困和坎坷的痛苦阴霾,迎接朝阳灿烂的时候,就会惊喜地发现,那些曾经的痛苦已经凝化成一道道色彩,就像雨后彩虹,挂在天空。

愿日后你能欣慰地谈起你的孤独

青年作家刘同在他的新书《你的孤独，虽败犹荣》中写了这样一段话：也许你现在仍然是一个人下班，一个人乘地铁，一个人上楼，一个人吃饭，一个人睡觉，一个人发呆。然而你却能一个人下班，一个人乘地铁，一个人上楼，一个人吃饭，一个人睡觉，一个人发呆。很多人离开另外一个人，就没有自己。而你却一个人，度过了所有。

这段话可能会让每一个在外打拼的人都能有很深的感触。正是那段艰辛的时光，让我们经历了很多，尝到了人生很多种滋味。也许人生就是这样，只有在经历了之后，人才能变得更加成熟。

刚到北京工作的那年，郭瑞住在一个很偏僻的小区，离公司很远，每天为了赶时间，总是匆匆忙忙的。但出入小区都要带出入证，这让一向丢三落四的他很头疼。

有时走到小区的大门口，郭瑞会忽然趁着汽车刚刚通过而栏杆没落下时跑进去。这时候，门口的保安总会以一副欠了他钱没还的样子，让他出示出入证，本来无伤大雅的事却让本来就心情烦躁的郭瑞莫名生厌。常常很不耐烦地磨蹭半天，再拿出出入证，然后趾高气扬地离开——那时的他还不知道什么是尊重。

有一天，郭瑞忘记带出入证，他照常被拦住。郭瑞忍不住破口大骂，把平时累积的不爽一并奉还。保安大叔憋红了脸，礼貌地向他解释这是规定，郭瑞却觉得他就是那种有点小权力就要用尽的小人，嘴里蹦出两个字——傻 x，然后径直走了进去，内心有一种打败他人之后的暗爽。

一个周末的下午，楼下尖锐的谩骂声吵醒了午睡中的郭瑞。一个中年男人正指着那个保安大骂着，面目狰狞。保安大叔则无助地叹着气向四周张望，灼灼的烈日下，穿着制服的他汗流浃背。

原来，他一天要承受许多次这样的谩骂，而郭瑞只是其中一个。那天郭瑞特意带了出入证，还在门口的超市买了两罐可乐给他。他一开始不肯接受，最后接过可乐放在一边。自那之后，那个保安每次见到他都对他笑。

春节期间，下着雪，他一个人站在小小的亭子边，时而抬头看天，时而往远处呆望。保安亭夏天很热，冬天很冷，没有电脑，没有电视，他就这么一天天无聊地守着。这一场景，定格在了郭瑞青春的记忆里。

郭瑞想，他一定也有自己的父母、孩子、爱人。一个人为了家人，可以这般坚忍地站过一个又一个炎夏与寒冬。尽管后来多次搬家，但郭瑞总能在不同的人身上，看到他的影子。

在北京的马路边，郭瑞经常会遇到一些卖煎饼果子的小贩，他们刚好解决了上班族常常三餐不定的烦恼，有时为了赶时间，就随便在路边解决吃饭问题。

在郭瑞上班的公司楼下，有个卖煎饼果子的小摊他经常光顾。卖煎饼果子的大叔有个小儿子，小男孩每天下午6点会准时出现在他爸爸的小摊。有时在一张塑料凳上面写作业，有时在玩树下的小花小草，有时困了就枕着小书包在手推车旁的硬纸板上睡觉，不吵不闹。

有天晚上郭瑞路过那条街，发现那个卖煎饼的小摊被人里三层外三层地包围着——一个西装革履的中年男子大发雷霆，指着不小心将面糊溅到他身上的大叔大声谩骂。大叔很窘迫，一个劲儿地道歉。郭瑞透过人群看到了小男孩，他被人群包围着，眼里满是惊恐和无助，双手紧紧地抓住爸爸的衣角。显然，眼前的一切是他从未经历过的。

后来中年男子骂完了，终于走了。

人群散后，他爸爸一个人默默地坐在凳子上——也许是在儿子面前丢脸了，也许是心酸和委屈。大叔摸着小男孩的头，嘴里大概说着一些"没事"之类的话。

郭瑞本来想顺便多买一份煎饼果子，走上前却看见那个小男孩爬到了爸爸的腿上，用小手拍着爸爸的背。小男孩咬着嘴，努力忍着，不让爸爸看到，双手不断交替着擦自己流泪的眼睛。

那一瞬间，郭瑞被心酸淹没。他不想起了他忙碌的父亲，他们在一起的时候，总是很少交流，也从未说过一些安慰的话，总感觉那样做太别扭。哪怕在他人生最低谷的时候，郭瑞也不曾像这般拍拍他的背，说说鼓励的话。这一刻，他看到眼前的这一幕，觉得自己在体恤父母方面，甚至连一个小男孩都不如。

从那之后，郭瑞开始有事没事就打电话回家，他知道，因为工作无法守在他们身边，但这不是他忽视他们的理由。他深信，在每一个孤独的夜晚，他们一定会无时无刻地想念那个为了生活而打拼的儿子——就像他无时无刻不在想念他们一样。

作家刘亮程曾说过："落在一个人一生中的雪，我们不能全部看见。每个人都在自己的生命中，孤独地过冬。"那些生命中遇到的人，如果我可以和他们一样，为了亲人而忍耐那些劈头盖脸的风霜雨雪，忍耐所有世事艰险，然后依旧坚持，依旧感恩，依旧奋斗，也许那样的男人，才算是真正的成长与成熟。

你为了你爱的人能无所畏惧地奋斗，即便历经孤独的岁月，当你提起过往的种种，留在内心的都是满满的感动。

努力过的青春，
才是醇美的酒

大刘的块头并不算大，有点高，外形隐约有点像苏见信，也就是信乐团的前任主唱。

当然，他并不是因为这点才开始喜欢音乐的。

他在北京待了七八年后，终于决定要回去了。这是他最后一次在老 K 的酒吧唱歌。他把放在床边架子上的吉他拿下来，装在包里。这把吉他陪伴了他好几年，弦都换了好多副了。出门前，他照了下镜子，有些胡子，用手摸了一下，然后回头环顾了一下房间，拉上门出发了。

他和往常一样，坐着公交车绕过什刹海附近，朝着南锣鼓巷的方向过去。老 K 的酒吧就在那附近的一条小胡同里。周围的民居全是青砖建成，透着古朴和文艺。

公交车上，大刘显得有些疲惫。他不过 25 岁，看起来却有很多和年龄不相称的东西。老 K 的酒吧要关门了，好一段时间前，酒吧就贴上了招租启事。这天是他们营业的最后一天，说是希望老顾客们都能够再在酒吧聚一聚，不枉费大家相遇一场。

18岁的时候，大刘还是小刘。那时候他的身高和后来的差别就已经不大了。只是那时候的大刘还有些稚气和热血，对未来有着无限的憧憬。

他在南方一座小城里念高中，成绩一般，他的思想有些前卫，觉得自己并不是读书的料，就和父母吵架，然后终于还是放弃了考大学。高中毕业后，他带着那把黑色缺角的红棉吉他准备去北漂。他一直想做一个歌手。

很多人在少年时代，尤其是初中高中时，都想过要做歌手要做明星。只是随着年纪渐长，更多的人选择了放弃。不知道大刘是不是觉得自己天生有歌手的天赋，还是别的什么原因，他觉得值得尝试，至少比上大学值得他去奋斗一把。

2006年刚到北京的时候，真的是举目无亲。没有一个在北京生活的朋友能够帮自己。他没有多少钱，自己摸索着找了一间地下室，是很多人合租床位的那种最便宜的房间。

那时候有一个高中同学考到了北京，在北京念书。

刚开始，他常常跑到同学的学校，无所事事，有时候在同学的寝室待上几天。更多的时候，他是待在地下室里，拨弄着自己的吉他。有时候他也会跑到网吧，去网上搜索一些信息，想认识一些同样热爱音乐的人，或者看哪家酒吧在招募驻唱歌手。

他长期泡在一些音乐论坛上。在论坛上，他认识了一个说是音乐圈子里的朋友。这朋友说可以带他出去玩,认识一些音乐圈的朋友。

后来,他和那个朋友见面了。那朋友对他说了好多,说北京这个城市,表面浮华、公平,但它却是非常冷漠的。一个人要想在这里闯荡太孤单了,你必须得找着自己的组织。你不付出一些什么,很难真正进入这个圈子。当然不是让你去陪吃陪睡,你个小男生也没啥可以陪的。

那位长发音乐圈的朋友,一副朋克的模样。

那段时间,他跟着这位朋克朋友也确实见识了一些玩音乐的人。但大多玩得很实验,太先锋了,完全不是他想要的感觉。他还是想做一个流行偏摇滚的歌手,没有朋克那么极端。朋克朋友给他介绍了一个开琴行的前辈。说让大刘在前辈那里买一把好琴,花点钱,认他做师傅,带你入行闯荡会顺利很多。

琴行前辈店里的琴很贵,至少对于大刘来说很贵,动辄就是一万多。他犹豫了好久,最终觉得朋克朋友说的有道理。他也觉得那琴行老板人蛮好的,说话做事儿都很豪气。于是把自己所有的积蓄都拿出来了,买了一把一万两千元的琴。

他当时总共差不多就只有一万两千多,是他这些年存下来的,加上临走时爸爸给他的几千块钱。

他给了琴行老板一万块,自己留了三千块不到。说剩下的两千块钱他去酒吧驻唱之后挣钱了还他。他留着那三千块钱,天天都耗在琴行里，跟着他们的乐队练歌，也一起偶尔唱那么一两首。那时候，他相信，自己已经走在这个圈子的边缘了。虽然辛苦了一些，但是哪个北漂歌手不是辛苦熬出来的。

那段时间，他跟着乐队去了好多家酒吧。每次他唱一两首做转场，根本不会有人特别注意他。他慢慢地把欠琴行老板的钱还上了。大概在那时候，他认识了老K。老K是一家酒吧的老板。以前也是一个北漂歌手，后来他放弃了唱歌，用自己赚来的钱，开了一家酒吧，接待北漂的歌手唱歌。

大刘其实在老K酒吧唱过好多场，那天他在舞台旁边的角落休息时，刚好碰到了老K，就这样就聊上了。老K觉得大刘就像他以前一样，于是提点他，让他自己唱，老K说："跟着老人的队伍，你永远很难出头。一个乐队四五个人，谁不想出头，你一个新来的毛头小子怎么可能得到比他们更多的机会？"

在老K的指引下，他和卖琴给他的"师傅们"渐渐疏远了。

刚开始每周三在老K的酒吧唱半个小时或一个小时。偶尔也会跑到什刹海边上的酒吧混个面熟，唱一两首。到后来，他要到了老K周三晚上一整晚的时间。

大概是老K觉得大刘有他自己当年的影子吧。大刘也算渐渐地站稳了脚跟。可他的收入依旧非常微薄。他依旧住在地下室狭窄的空间里，除了周三那晚，他每天依旧得在很多家酒吧之间奔波。每天都很累，回去之后倒在床上就会睡着。有时候澡都不洗，衣服不换,简直是和衣而睡。

两三年后,他终于搬离了地下室,租了一间宽敞的屋子。每个月一千多的房租,他感觉压力很大。他常常会买一些音乐书籍,或者国外歌手的 CD。后来他又买了一把古典吉他,开始试着写一些民谣。在酒吧里唱民谣反而比摇滚或者流行显得更有格调。

几年下来,他依旧没有找到曾经出发时憧憬的那种感觉。为了房租,为了更好地生活,为了他后来认识的北漂女孩,他的压力变得越来越大。

他每天都在想着写歌,每天都在各酒吧之间辗转。那把一万两千元的吉他,弦被他弹坏了好多副,当时可能是被骗了,这吉他哪值得那么多钱,八千元顶天了。可偶尔他还会觉得,发现被骗后的自己竟然会保持淡然。

在酒吧有固定的场次之后,他会偶尔收到一些客人点歌的小费。他来北京这么久,很少给家里人打电话。他还记得离开家的时候,他和他妈妈吵得非常厉害。他觉得他要出去寻找自己的音乐梦想,父母根本不理解他。他妈妈觉得他这完全就是在浪费时间浪费生命。哪有什么音乐梦想。

可他还是离开了,总觉得未来有无限可能。离开之后,时间越来越久,越来越发现当时他妈妈说的话有道理。虽然每个北漂歌手都经历了苦难,成名的是少数,大多数人是他这样不温不火地坚持着,其实还有更多人在逃离北上广的口号喊起来之前,就已经逃离这座冰冷的城市。

音乐的梦想太虚浮了。

24岁生日的那天,他没有去酒吧驻唱。已经来北京五六年了,自己依旧没有找到当初出发的理由。他和女朋友也分手了。一个人在出租房里,放着音乐,喝着啤酒,只想大醉一场,大睡一场。

他越来越觉得没有唱歌的冲动了。

直到后来老K告诉他,说他打算把酒吧关了,回南方的老家,因为在北京的压力太大了,过理想主义的生活付出的代价也太大了。老K的这番话才好像隐约把大刘唤醒。

曾经自己满怀热血与梦想,觉得北京这座城市机会遍地。那些成名艺人的故事似乎告诉他,只要他努力唱,随时都可能有台下的经纪人发掘他,然后一夜成名。

直到综艺选秀节目火起来,自己也报名参加了一些选秀,最终被淘汰出场。最后从当年那个很照顾自己的老K嘴里听到说酒吧要关张,他才仿佛真的从梦里醒来了。

那些实现了的,才叫梦想,没有实现的是赤裸裸的现实。

老K说累了,那一刻大刘像是终于听到一个讯号说,该放下了,该回家了。

最后一天,他背着吉他去老K的酒吧唱歌。

现场有一些老顾客,大家都很熟悉,最后一天晚上来的人不多,但氛围仿佛很轻松。唱歌的唱歌,喝酒的喝酒,喧嚣之余,大家却显得有些哀伤,只是没有人说出来。

直到最后大家都玩得很开心,老K却坐在那哭了。

等老顾客都走了,大刘还待在酒吧里。他帮着老K收拾打理,把一些唱片搬到车上,然后关门离开。老K几天之后就要走了,离开北京了。

那天晚上他们拿着啤酒,在什刹海的栏杆边站着,吹着风,说了很多很多的事。这是大刘来北京的第七个年头。他突然对老K说,我也唱不动了。自己好像还能记得刚来北京时的样子,可现在的自己完全不是当初那样了。他还记得老K照顾他的点点滴滴,只是老K要走了,他终于也觉得自己扛不住了。这几年下来,琴技没得说,唱歌的技巧也没得说,可梦想从来都没有造访。

大刘终于回到了南方的小城市,回到了家里。他回家的那天,父母并不是特别开心,可在家待久了好像又回到了当初。大刘开了一家琴行,当起了琴行老板,顺便也教少年们弹吉他。

离开北京,不是他真的唱不动了,只是他坚持了那么久,梦想迟迟不来,他觉得自己快坚持不下去了,老K只是他觉得差不多该回家的一个触发点。

大刘说起他的北漂生涯,也并非充满了遗憾,只是觉得,自己真的去努力试了,才终于知道,也许这条路真的不适合自己。自己坚持了那么多年,该放下了。别人用一个星期就知道音乐梦想不适合自己,自己却用了一个青春期,加上十八岁之后的七八年。也许自己很傻，但努力去尝试了，也就不后悔了。

音乐没来找他，他却努力在拥抱音乐。有时候，恍然间他觉得自己和所教的少年一样，对未来充满了希望。折腾了那么久，他终于放弃了歌手梦，却从来没有放弃音乐。

并不是所有的努力都会开出梦想之花，实现了的才叫梦想，没实现的叫现实。是时候放下，那放下吧，实现不了的梦想不是可耻，只是命运在告诉我们，摆在我们面前的路有很多，也许该换一条路走走了。

失败了，就回到起点，重新出发，仅此而已。

这个世界上，
谁的成功都是有原因的

一些人常常羡慕别人的成功，特别是和自己条件差不多的人，比如同事、同学等。我就有一个同事因为业绩特别突出，招来很多其他同事的嫉妒。

"他仅仅是幸运而已……""我比他更努力啊，上天真是不公平！""凭什么是他啊……"

我们经常遇到一些很优秀的人，但我们从来不认为谁的成功是偶然得来的。你以为的偶然因素不能说没有，但并不是决定性的因素，更不可能是全部。

有一个小区的保安，保定人，二十几岁，个子不高，白白胖胖的，话不多，见到人，只是羞涩地一笑。大家都叫他小王。小王整天把一个智能手机抱在手里，不是和谁煲电话粥，也不是玩游戏看电影，而是一天到晚听音乐，还喜欢单曲循环，一首歌，昨天在听，今天在听，明天还在听。

小区里不知道他名字的人，有时候提起他，会说"那个喜欢听歌的小伙子"。年轻人嘛，喜欢音乐也很正常，虽然他有些过了头，但这爱好无伤大雅，人畜无害，也就没人说什么。

很多次，从小区门口走过，总看见小王坐在保安室里，有时候拿着笔在呢喃喃写着什么，有时候托着腮一副拼命思考状，有时候索性抱着一个笔记本发呆。别的保安没事儿时聚在一起闲聊，却一次也没看到他的身影。

有业主就忍不住问他："你每天在写些什么呀？"

他有些不好意思地挠挠头，说："写歌词。"

业主略吃了一惊，继而又开始为他忧心，作为一个草根，写歌词，除了自娱自乐，还能有什么收获呢？

小王似乎看出他的疑虑，有些激动地说："总有一天，人们会熟悉我写的歌！"

后来，混得熟了，大家慢慢地了解到，小王经常把他写的歌词放到网上，也参加各种大赛，还把歌词寄给音乐公司。

对于他的这些举动，邻居们始终心存担忧，一个小保安，他会获得成功吗？没想到，成功真的接二连三地来了，小王的歌词，先是参赛获了奖。然后，有人谱曲在电视上演唱，小王居然有了一点点名气，有人开始找他写歌词，并开出不菲的价格。

大家也从来没有想到，业余时间写写歌词，也能改变一个人的命运。但他们知道，小王的成功不是偶然，生活中的每一天，他都在为成功做着准备。

还有一个女孩叫小孟，出身普通人家，长得也不是很漂亮，但身材倒是纤长的。小孟的理想是当一名空姐，从上初中就有了这个想法。然而，小孟的理想常常招来别人的嘲笑，想当空姐，谈何容易啊！何况，小孟家也没有在航空公司上班的亲戚朋友。

"癞蛤蟆想吃天鹅肉……"这是一些不怀好意的人对小孟的看法。"你现实一些吧，将来做一个文员，或者会计，女孩子要找个安稳的工作……"这是家人苦口婆心的劝导。但小孟不管别人的看法，执着地坚持自己的理想，她每天把背挺得直直的，坐凳子只坐三分之一，时刻就像一只骄傲的白天鹅。她说，必须时刻保持优雅的状态。她还每天坚持锻炼，跑步，做仰卧起坐，她说，这是为了将来体检时身体达标。

她还坚持节食，无论多么爱吃的东西，都只吃规定的量，晚上不管多饿，都不吃夜宵。她说，这是保持身材，将来好在众多人选中脱颖而出。

阑尾发炎，医生说要手术。小孟听说做过手术后不能做空姐，就说什么都不肯做，坚持打针吃药，把一家人急得不行，这样多危险啊，但她硬是挺了过来。

小孟了解到，想要做空姐，最好的方法就是上空乘学校。她早早锁定了将来要上的那所学校，为了高考时达到空乘学校的及格线，她每天埋在书山题海里，一刻也不松懈。

这样不懈的努力，终于让她如愿以偿。两年之后，到了实习期，有航空公司到学校招聘。实习期待遇比较差,而且上班的地方离家有千里之遥,很多同学都不重视这次机会。小孟却第一时间报了名,并积极地做着各种面试的准备。

这么多年的坚持,终究没有白费,面试时她脱颖而出,成了一名真正的空姐。虽然只是实习,她却处处严格要求自己,每件事都做得极为认真。一年后,她和公司正式签约,实现了自己的梦想。

很多人羡慕小孟的好运,一个普通的女孩子,居然轻轻松松就实现了空姐梦。可是有几个人知道,生活中的每一天,小孟都在为成功做着准备,日复一日的积累,才终于换来最后的心想事成。

成功从来不是偶然的,至少没见过不劳而获的成功。你所过的每一天,都是成功的前奏。你把握住了这每一天,就有机会把成功抓在手中,而你虚度的每一天,却会让你离成功越来越远。

第六章
成功无捷径,总要慢慢地熬

浮躁，
是成功路上的绊马索

印光大师曾说过一句很有智慧的话："最好的心境，是静心和沉稳。"水面静，才能映出完整的月亮，心静才能接收外界良好的信息，才有良好的心态，心态决定人生的成败和苦乐。

然而现实生活中，想做到静心却很难。因为躁往往会伴随着我们一生，我们一生都在自觉或不自觉地同浮躁做斗争。只有战胜浮躁，我们才能够真正主宰自己。可以说，浮躁是人生的大敌。

做官不能浮躁，一旦浮躁，势必成为庸官；做学问不能浮躁，一旦浮躁，势必一事无成；做人不能浮躁，一旦浮躁，势必为人浅薄。浮躁二字，害人不浅。

确切地说，浮躁是一种焦虑不安的心态。进取心太切，患得患失；虚荣心太强，战战兢兢。一心争强好胜，唯恐榜上无名。说起来夸夸其谈头头是道，仿佛一肚子雄才大略，做起来偏偏心中无数手足无措，因而时刻担心一着不慎，满盘皆输。以上这些，都是浮躁的根源。

浮躁是幸福的大敌，只能带给你焦虑不安的人生。因此，我们要学会如何不浮躁，如何让自己的身心都处于一种宁静祥和的状态，这种状态就是从容。从容是对浮躁的彻底否定，是一种超然的智慧，更是一剂良方。

"行到水穷处，坐看云起时。"人生需要一颗安静的心，一份淡然的超越，一份从容和淡定。

从容，即舒缓、平和、朴素、泰然、大度、恬淡之总和。从容是一种力量，不是淡漠也不是激愤。它可以使人站在一个更高的角度看生活，而不被生活愚弄，不被世事纠缠。自古至今，对于太多的人而言，这都是一种难得的境界和气度。从容之人，为人做事不急不慢、不躁不乱、不慌不忙、井然有序，面对外界环境的各种变化不愠不怒、不惊不惧、不暴不弃。虽遭挫折而不沮丧，虽然成功而不狂喜。

境由心生，命运掌握在自己的手中。以乐观积极的态度看待事物，是不会有损失的。当环境无法改变时，不如改变眼光看它，适应它，然后从中受益。生活中有太多的不可测因素，如果事事计较，情绪难免大喜大悲，起伏不定。

生活中有的人为了职称，同事之间，明争暗斗，尔虞我诈；有的人为了荣誉，朋友之间，钩心斗角，唇齿相讥；有的为了蝇头微利，兄弟刀枪相向，亲人反目相斗。还有的沽名钓誉、邀功请赏、诽谤诬陷、打击报复、欲置之死地而后快……

所以，人要让自己拥有平和、积极的心态，最重要的一点就是要学会忍住，不浮躁地面对生活。

天有不测之风云，人有旦夕之祸福。福与祸的转换就像这风云之变化无常，所以，无论是福至，还是祸降，只要你保持心境的平和，凡事淡然处之，那么福也好祸也罢，又怎能破坏你内心的从容呢？

老子说："祸兮，福之所倚；福兮，祸之所伏。"在灾祸的里面，未必不隐藏着幸福，而在幸福之中，未必不隐含着祸患的根源。世上之事总是福祸参半，而福祸之事也总是相互转化，如果能及早认清这一点，那么烦忧之事就可能不再侵扰身心，这样，我们就更可能从容自若地去面对生活了。

古往今来能成就一番事业者，大多具有从容品质，最知道从容做人、处世、思想、行动……从容者不知匆促、慌乱、紧张、惊悚何来，亦不知贪婪、吝啬、狭隘、妒忌何为，对于小至蝇头小利、蜗角功名，大到至尊权柄、炙手利禄，"非不能争，不屑于争"。那些在人生道路上历经坎坷却仍然从容对待，不断取得成就的人，让人油然而生敬意。

据史书记载：唐朝的一个督运官在监督运粮船队时，不幸因遇大风翻船粮食受到损失，时任巡抚的卢承庆在考核他的时候说："监运损失粮食，成绩中下。"督运官听到评价，一句话也没说，只是从容地笑了笑便退了出来。卢承庆对他的气度和修养颇为欣赏，就把他叫回来重新评估道："损失粮食非人力所能及，成绩中中。"

督运官仍然没说什么惭愧的话，只是笑笑而已。卢承庆深为他的坦荡胸怀所感动，最后评价他："宠辱不惊，遇事从容，成绩中上。"

在浩如烟海的历史人物中，一个小小的督运官能引起人们的注意，并在唐书中专门为他记上这么一笔，不是因为别的，就是因为人们推崇他"荣辱不惊，遇事从容"的心态和修养。

从容就是像督运官那样怀揣一颗平常心，对名利之类看得很淡，一切顺其自然，处之泰然。从容的对立面是心性急躁，急于求成，小肚鸡肠。心性急躁是一种肤浅，争强斗胜是一种糊涂。浮躁的人无法掌控自己的人生，只能成为生活的奴隶，被生活所左右。

一句诗说得好："暮色苍茫看劲松，乱云飞渡仍从容。"乱云飞渡的劲松的从容，令人钦佩和赞美。人生要想不被浮躁俘虏，就要让自己学会从容。只有从容才能造就恬淡的人生，才有坐怀不乱的稳健，才有关键时刻巨大能量迸发的气势。

耐得住寂寞，成得了大事

寂寞是一种考验，是对内心的一种历练。面对寂寞，有的人能干出惊人动地的伟业，有的人却成了寂寞的俘虏。一个胸无大志、目光短浅的人，是断然耐不住寂寞的。

王国维在《人间词话》里说，古今之成大事业、大学问者，必经过三种境界："昨夜西风凋碧树。独上高楼，望尽天涯路"，此第一境界也；"衣带渐宽终不悔，为伊消得人憔悴"，此第二境界也；"众里寻他千百度，蓦然回首，那人却在灯火阑珊处"，此第三境界也。

由此可见，大凡成功者都是孤独而执着的。寂寞是一段无人相伴的旅程，是一方没有星光的夜空，是一段没有歌声的时光。它使空虚的人孤苦，使浅薄的人浮躁，使睿智的人深沉。人生在世，路，还要自己走。在命运的航程中，无疑每个人都是独行者。一个心中有梦的人，要耐得住没有星空的夜晚，只有忍受得了黑夜的寂寞，才能迎来明日的成功。

陈瑞上大学时，学习压力没那么大，室友们每天忙着谈恋爱、与校友联络感情等，而他迷上了文学，内心深处特别渴望将来成为一名作家。为了实现自己的梦想，开始节衣缩食，几个月后，用自己省下来的钱买了台电脑，这样，陈瑞一有时间就爬格子。

有时候，陈瑞会忍不住把写好的文章，分发给同学们看，他们就成了陈瑞的第一批读者。陈瑞告诉他们，只是随便写着玩的，从来不敢说自己的梦想是当一名作家。梦想是一个说出来就矫情的东西，它是生在暗地里的一颗种子，只有破土而出，拔节而长，终有一日开出花来，才能正大光明得让所有人都知道。

好几个同学觉得他不可理喻，因为他写的文章，他们觉得不好。面对陈瑞坚持不懈的写作，他们不耐烦地劝陈瑞："梦想就是一只打不死的小强，你又何必抓住它不放？"意思很明显，他们是说陈瑞既然没有这个天赋，何必再固执己见呢？

不服输的陈瑞开始给各大报社投稿，结果稿子如石沉大海，音讯全无。

于是，他们更有理由打击陈瑞了："你写那么多，有编辑看吗？没准就扔到垃圾桶里去了。"

"那也说不定，第一次不看，第一百次不看，说不定第一百零一次就看了。"陈瑞坚定地回答。有时，室友也暗含讥讽地和陈瑞开玩笑说："大作家，给我签个名吧，也许五十年后，你成名了，我还可以拿你的签名买个包子吃。"也有人劝陈瑞："还是务实点儿吧，好好学习，再好好找份工作。"

"可是我的梦想是当名作家。"陈瑞心里暗暗想着，对他们的话充耳不闻，只顾看自己的书。其实，他们的话是具有打击的，但是，陈瑞知道不能放弃自己。虽然他的内心也有过挣扎，自己问自己有什么地方比他们强呢，长得不高，不帅，写的文章也一般，简直没一项是优秀的。但他也想到过放弃，可是自己觉得，如果连这仅有的梦想都不去实现，以后人生的路还怎么走，岂不是一遇到挫折就要放弃，永无翻身之日了吗？

一个心中有梦的人，要耐得住没有星空的夜晚，要耐得住无人欣赏时的寂寞。

陈瑞无法说服自己放弃，他始终认为，即便全世界都否定你，你也可以坚持你的梦想。唯有坚信自己，才能勇敢寻梦。

在那段没有人看好的时间里，陈瑞几乎把所有的业余时间都花在了提高写作水平上。阅读了大量的名著，每天坚持写作，不管多累多苦，都告诉自己一定要坚持住。想要提升自己，就必须付出成倍的努力，才能达到自己的目的。

陈瑞还把自己写的文章订成册子，拜访了当地几位有名的作家。在得到他们的充分肯定后，越发有了坚定的信心。

三个月后，陈瑞的第一篇散文发表了，虽然仅仅是一篇豆腐块大小的文章，但他感觉到从未有过的幸福。当他喜滋滋地把样刊给同学们分享时，室友不屑地说："那是杂志版面不足了，没人写，才让你捡便宜。"

但此时，陈瑞对他们的冷嘲热讽已习惯了，他甚至在想，他的生活中可能还需要这么一味添加剂——他越是否定自己，就越对自己充满信心。经得起多大的诋毁，就能受得起多大的荣耀。

五年后，陈瑞的文章已经遍及大江南北的报刊，还出版了自己的图书，而那曾经嘲讽他的室友也早已散布在天涯海角，但他们仍然真诚地向他送来了祝福。

感谢那段风华正茂的青春，心中装的正是绚丽多姿的梦想，纵使气馁过，挣扎过，也会迅速调整自己的步伐，毫无畏惧地朝前走。

耐得住寂寞，才得了气候。而当你经受得住寂寞和孤独，才能在未来的某一天面朝大海，迎来春暖花开。

既然无法逃避，
不如勇敢面对

李丹在办公室常常被人私下称为问题小姐。她在任何时候都是问题不断！她做着一份自己不喜欢的工作，因为分心且敷衍而常常出错，结果经常被领导批评；她考资格考试屡战屡败，却觉得自己高高在上，把问题归结考试制度的不合理；她在该结婚生子的年龄对恋爱和婚姻困惑不已，依然单身，她觉得全天下没有一个好男人；最要命的是，她对待其他人非常苛刻，冲突不断，对待自己却万分宽容，受不得批评……

是不是觉得这些场景似曾相识？你的身边是不是也有这样一个问题小姐（先生），甚至你自己就是？

十七八岁的高中生沉浸于网络世界，多少人只是盲目的刷网页却无法安睡，这是追赶潮流还是在逃避成熟？

选择待业的大学生给出冠冕堂皇的理由：没有好工作，准备考研，不想工作……是追寻本心还是在拒绝成长？

无数大龄青年不愿社交拒绝结婚，是真的没有遇见对的人，还是害怕随之而来的变化和责任？

又有多少人在问题和痛苦面前，自我催眠"这不是我的问题"，或者制造"还过得去"的假象来麻痹自己？是真的乐观还是不敢面对？

很多人说，这个世界变化太快，就像被按了快进的电影，来不及追赶故事发展的进度。还没有看清前一幕，下一幕就开始了，没有为我们预留任何喘息和思考的间隙。得过且过，成为很多人的明智之选。

这类问题人士在人群中往往非常相似且醒目，都有一张麻木的脸和暗淡的眼，对现状充满了抱怨，他永远在问为什么？"为什么偏偏自己是倒霉鬼？""为什么事情总是不如意？""为什么自己的身后总是烂摊子？"

很多人在做一件事情不成功或者被批评的时候，总是会找种种借口，不停地抱怨别人，将所有的责任都推给别人。

他们不知道，其实往往是他们自己出了问题。

逃避问题，恰恰是这类人的最大问题。他们总是觉得自己的问题根本没什么大不了，更别提采取行动改正了。

可是，没有问题，何来答案。

人们总是对问题的正面意义视而不见，反而拒绝痛苦，习惯落荒而逃。

他们觉得，承认自己出问题了，就是否定自己，会不禁质疑努力了这么久的意义在哪里。更重要的是一直赖以生存的信念可能就此毁灭，不管这信念是真实存在还是幻想出来的。生活虽已千疮百孔，但它却是一直以来支持自己走下去的力量。我们用外界羡慕的眼神麻醉自己，不惜伪造一个又一个美好的假象，不光迷惑外人，自己也信以为真。"至少还有个茧可以安身"，我们这样安慰自己。哪怕已隐隐察觉到生活坍塌的迹象，还强撑着不愿离场，作祟的羞耻心让人没办法低下头，更无法坦然面对生活的种种问题。

问一问自己，是不是一切都如对外展示的那么完美？我们逃得过他人的窥探，却逃不过自我的拷问。

说到底，我们想逃，是因为没有解决问题的能力，因为对自己并不信任，因为无法理解存在意味着什么，我们还没有进场，就已经丧失了面对痛苦的勇气。

可是，逃避的代价是巨大的。当人们耗费有限的时间在错误的事情上时，便错过了把握正确的事情的机会。

一时逃避，随之而来的是更加糟糕和麻烦的后果。机会总在拖延中溜走，日复一日地背负心理上的问题是对时间和精神的彻底浪费，它会吞噬我们最后一点底气和希望，除了扭曲心灵，败坏品质，后悔还将如影随形。

你所不能逃避的人生，就勇敢面对吧。你越是逃避，就越摆脱不了心里的压力，一旦开始胡思乱想，问题会被无限扩大。

问题一天不解决，痛苦就一天不消失，你也就一天过不上好日子。人的心底都有一个黑暗的洞穴，把所有的难堪、挫败和不如意埋葬在洞里，不让阳光照进来。以为只要看不见，听不见，就不曾存在，其实这只是自欺欺人而已。

就好像生病一样，有些人不敢面对，一直否认，结果耽搁病情，付出了更大的代价；有些人选择了面对，积极寻求治疗的办法，结果成功治愈。

生活中的问题会以各种形式出现，在这些问题面前，我们要学会处理它，解决它。也许当时很痛苦，毫无头绪，可是当我们真正直面它时，它就变得可接受、可解决了，抓狂的感觉便会减弱甚至消失。

人生不能逃避，要直面人生，甚至直面惨淡的人生，不论前面是沼泽，还是荆棘，是雪山还是悬崖，总有路可以走，没有路，那就自己闯出一条道路吧。

人生是无法逃避的，你不要给自己任何理由原谅自己，因为这是自欺欺人。去真实地面对自己的内心，自己的感情，自己的选择，即使它是错的，也依然笑着享受这个过程，这个结果。

不要害怕失败，也别因为害怕失败而不敢前行。很多时候，人生的成败不在于你选择了什么，而在于你是否能够坚持下去。如果没有失败的痛苦，你就很难体会到成功的快乐。人生中总要经历一段弯路，这段弯路就是给你体验错误的，如果你不犯错误，你就永远不知道到底这是对还是错。今天的失败，就是明天成功的奠基石。

人生需要磨难，年轻时候的磨难是未来最宝贵的一笔财富。趁着年轻，多经历一些风浪，多接受一些教训，多承担一些痛苦，这对于磨炼一个人的意志和品格是深有好处的。

你所不能逃避的人生，就勇敢面对吧！擦亮眼睛，整理行装，充满激情地上路！人生永远是充满着激情与希望的！

步步为营，
才能赢得人生这盘棋

　　王丹是身材瘦小，相貌平平的女孩，她家世普通，受的最高教育不过是大专，但她却将自己的人生布局得精彩纷呈，将自己的生活经营得幸福美满。女儿孝顺懂事，乐观上进；老公相貌堂堂，事业有成，对她更是尊重，疼爱有加。

　　王丹的老公整天在外面打拼，身边自是美女如云，向他抛媚眼献殷勤的更不在少数，对他动心动情的也不乏其人。而他身边的成功人士，有"小三"甚至有"小四"。更有铁哥们劝他想开点，要懂得享受生活，不要总是守着家里的黄脸婆。身处充满暧昧的环境，面对形形色色的诱惑，他却始终坚守自己的原则，这么多年来他不曾越雷池一步，始终把王丹当作手心里的宝。

　　王丹的朋友曾打趣她说："你老公这么出色，小心被外面的狐狸精勾引走了。"王丹却自信满满地说："我虽其貌不扬，但好歹也进得厨房，出得厅堂，品得书香，写的文章；上孝敬高堂，下能教好儿郎，他还能怎样？"

确实，事实正如王丹所言，她既是一位贤妻良母，又是一个心地善良、勤劳肯干、乐观向上、懂得经营生活的人。平日里她在经营好小家、在相夫教子上下足了功夫，更注重提升自身，内外兼修。

在单位改制下岗后，她完全可以过着悠闲的阔太太生活，但她却凭着一己之力，经营一家服装店，且生意做得红红火火。许多人都不解地问："你老公那么能干，家庭条件那么好，你何必那么辛苦？"她说："作为一个女人要有自己的目标和追求，切不可身处优越的环境中而丧失了自我，忘记发掘自身的价值。"

她在追求经济和人格独立的同时，更注重内外兼修。平时空闲时间除了看书，就是写作，偶尔也发表几篇小文章。时刻不忘汲取知识的营养，时刻不忘提升自己内在的素养。在这样一个人心浮躁的时代，许多人沉溺于吃喝玩乐享受，热衷于追逐人世的浮华，又有多少人能沉下心认真向学，静心思考？而她全然不顾尘世的纷纷扰扰，怡然沉浸于知识的海洋。

当然，在注重修心养性的同时，她也非常注重外在形象，时尚得体的装扮，优雅的举止，彬彬有礼的待人接物，俨然一副知识女性范儿。

她在经营好自己的小家、经营好自身的同时，更不忘经营好大家。她对自己的父母长辈自是无话可说，对老公的家人更是无可挑剔。婆家在农村，逢年过节看望老人自不必说，平日总是抽出时间对老人嘘寒问暖，老人小灾小病的，带着看病，不辞辛劳地照顾。

老公的兄弟姐妹有困难，她总是义不容辞尽力帮忙。亲戚朋友邻里左右对她都赞不绝口。

她的热情上进，她的知书达理，她的宽容豁达，她的温良贤惠，怎能不让老公感怀在心？纵使外面的女人貌美如花，柔情似水，怎敌贤妻的知冷知暖，贴心贴肺？家中无后顾之忧，他才能安心在外打拼，事业才能蒸蒸日上；家有贤内助帮衬，让他事业的发展如虎添翼。他们小家的幸福生活自然是芝麻开花节节高。

其实，用世俗的观点来看，王丹没有任何先天优势，相貌平平，家世寻常，但她却靠勤劳的双手、聪慧灵敏的头脑，经营出自己幸福美满的生活。

不管现实生活怎样，我们每一个人都不应怨天尤人，不要总觉得这个世界亏欠于你，不要总觉得别人有负于你。生活中，会有顺境，也会有逆境，当你觉得自己过得苦不堪言时，更应该学会调整自己，让自己变得更优秀。因为受苦的日子，正是你成长的时机！

生活中，总有些人喜欢将自己的痛苦人生归结为外界的原因。要么埋怨命运，怨自己时运不济，命途多舛；要么抱怨生活不公，自己天生没得到一副好牌——没有显赫的家庭背景，没有超常的智力，没有靓丽的外表；要么感叹造化弄人，让自己遇人不淑，以致历尽坎坷，使得自己的人生一败涂地。总之，他们觉得整个世界都亏待了自己。

其实，一个人没有必要怨天尤人，更不应感叹命运不公。纵使你天生就拿到一副好牌,也不能保证你人生的棋局会步步顺畅,也未必能保证你在生活的博弈中稳操胜券。好的人生棋局,要靠自己步步为营,努力去争取。

青春是一场
刻骨的历练

刘伟大学毕业一年了，工作换了四份，最近又离职了。而在这一年中间，他还休息了两个月！朋友们惊讶他换工作的频繁，他气愤地说，之所以如此频繁地换工作，是因为自己命不好，一直遇不到适合自己的工作，遇不到一个赏识自己的伯乐！总之，离职的原因不是因为老板苛刻，就是老板有眼无珠，对自己的创意不欣赏，或者同事之间钩心斗角，工作环境不好。

朋友问，你想要的工作是什么样的？他想了想说，至少不太累，每天出入高档写字楼，可以经常旅游，老板给的薪水很可观……听着刘伟滔滔不绝地描述，大家知道，和他有同样想法的年轻人并不少。

当你看了《杜拉拉升职记》，你觉得外企真好，可以出入高档写字楼，操一口流利的英文，拿着让人眼红的薪水；当你看了《亲密敌人》，你觉得投行男好帅，开着凯迪拉克，漫步澳大利亚的海滩，随手签着几百万的合同；当你看到一条精妙的广告赞不绝口，你觉得做营销好潮，可以把握市场脉搏，纵情挥洒自己的创意；当你看到一位做房地产的朋友，每天和有钱人出入各种高档场所，发着各种挥霍的微博，就觉得做房地产好赚钱；当你看到一位快速消费品人员满世界出差，在各种地方住五星级酒店，就觉得做快速消费品好风光。

其实，当你疯狂地爱上了那种扬扬得意的状态，却不曾想到你日思夜想称之为梦想的状态，其实并不是你看到的那样简单。

表面风光的背后，你看不到他们辛勤的工作，你看不到他们所吃的苦。他成功取得让人望尘莫及的荣耀，只因为他是一个能吃苦的人。他辛勤工作的身影，他时刻洋溢的才华，他的一切禁得起岁月的推敲。

朵朵，在她还是某科技学院艺术设计专业大四学生的时候，她就很积极地努力找工作，最后，毕业之际，她被一家玻璃制品贸易公司录用了。

可是当她入职报到时，她发现老板对她很冷淡。原来董事长并没有同意招一个专职平面设计的员工，是总经理实在找不到合适的人员，才选中了她。入职几天后，一家澳大利亚公司的贸易代表来公司考察。两家公司事先有一笔数百万元的玻璃水杯出口订单，但没有最后拍板，因为水杯上没有任何装饰色彩和图案，于是老板尝试性地把设计任务交给了朵朵。

朵朵初接到这个任务，感觉似乎有千斤重担压着自己，真的喘不过气来。

但朵朵有股犟劲儿，什么事都不愿落在人后。为了证明自己，她的犟劲又上来了。她说:"如果和别人一起做事,我一定要比其他人干得好。"

大二时,朵朵的美术天赋开始显现。那时她给人做装饰画,一幅画能挣三十块钱。半年后她在书画市场看到自己的作品,标价已经超过了三千元。她直埋怨雇主"黑心",但她也看到了自己的价值,她还悟出了一条职场经验,就是关键你要有把"刷子",是一个"金刚钻"。

如今,虽然任务很艰巨,但朵朵决心挑战自己。开始做准备工作吧,朵朵决定先从外围入手。她先到公司资料室,看公司创立时的历史,了解企业的发展历程,她似乎悟到了公司发展的原因,公司的企业文化就这样流进了她的血液里。

看累了,朵朵就下车间看每一道生产工序,看工人是如何生产的;又到营销部,找销售员了解什么样的杯子好销,这个单是如何签到的;最后到开发部看师傅们如何设计。

这样一天过去了,她还是没有眉目,晚上她依然沉浸在这档子事里。她上网查看各种杯子的生产历史、造型、图案。渐渐地,她仿佛生活在杯子的世界里,晚上睡觉时,她的脑子里还是杯子。

两天过去了,她仍然没有动笔。

第三天,她上网查澳大利亚当地的风土人情、审美趣味、文化艺术、广告设计,在搜到的英文网页中慢慢揣摩,她渐渐有了一点灵感。接着她开始摸索使用电脑设计软件,开始了最初的设计。当几份草图出来后,她又得觉得似乎还有点欠缺。

她想自己不能做成完全符合当地风俗的样品,否则,他们为什么不在本国找厂家,而要从中国订货?中国是一个文明古国,历史文化博大精深,中国的文化艺术最受西方青睐,所以,应该融入中国元素。就这样,她又参考了中国的传统服饰、徽派建筑特色、奥运设计等,设计出了一些中西结合的样品。

那一个星期里,朵朵每天工作至少18个小时,她全天候都在完成这一件事,累得脚都水肿了,屁股都坐麻了,眼睛都疼了。

最后总算从设计的几百幅作品中挑选了五幅水杯图案,传到澳大利亚后,客户看到她设计的样品非常满意,最后敲定了那笔数百万元的订单,之后又追加了一倍的订单。

这次任务的圆满完成,让老板对这个小女生刮目相看。不仅决定她可以留用,而且直接把她提升为企划总监,负责公司的设计工作。老板还告诉她,以后她也可以拿年薪了。

她的很多师姐、师妹都很羡慕她运气好,母校也请她介绍经验,她说,大学毕业生刚走上工作岗位,不被人信任是很正常的,这时候最重要的就是自己的心态。

如今的社会是一个浮躁的时代,大家都以为,只有速成才是走向成功的唯一标准。是的,我们的确经常可以听到某某学姐轻轻松松就拿到剑桥或者哈佛的全奖;我们也会听到某某学长刚毕业就创立了自己的公司,日进斗金,事业做得风生水起。

总之,看似别人的未来清晰夺目,而自己的未来却暗淡无光。

传奇人物们的神话，就像是黏在座椅靠背的图钉，时刻刺痛我们稍微放松一下的神经，我们突然觉得，自己是那么平凡，自己的青春是如此不堪一击。

长相不出众，气质不优雅，成绩不拔尖，家世不显赫，手腕不高明。这样的我们，又何去何从。

其实，你一点儿也不必垂头丧气，更不必气馁。没有谁的青春是一路踩着红毯微笑走过的，在那些成功的光鲜身影背后，更多的是你不曾看到的努力与艰辛。

俞敏洪，多次落榜，第三次才考上北大，在大学里情场失意。他的理想是去哈佛，但三次都被拒签。刚开始的新东方只是北京地区小有名气的英语办学机构，连像样的教室都租不起。有一次，因为教室没有空调，台上的授课老师中暑晕倒了。在把老师送到医院后，俞敏洪回到教室看这样的教学环境、学生和老师，看着看着，就哭了。

你看，成功人士在成功之前，都经历过常人难以忍受的困境，但幸运的是，他们都顽强地走过了那段沉默的孤独时光。

其实，不是每个人的成功，都是一剂良药，冲水即食。不是每个人的成功，都是一条咒语，默念即灵。我们大可不必在青春的舞台上自艾自怜，更不必围观、临摹别人的精彩。

青春是一场刻骨的历练，不管你现在的生活如何，都不重要，只要你有一颗永远向上的心，你愿意做坚韧上进的自己，你终究会找到属于你自己的方向。

那些成功的人，
都曾经历沉默的时光

一天，在报纸上看到一篇科学报道，深有感触。报道的内容如下：

三万二千年前，西伯利亚东北部的松鼠将果实深埋地下，深至永冻层，后来洪水席卷了那个地方，果实被永远地密封在地下。直到 2007 年才被发掘出来，一队科学家拿到了那些果实，并培养出了成活的植物。

你看，不论潜藏多深，掩埋多久，只要不自我毁灭，总有重生的时刻。

其实，每个人的生命历程中，都会有一段不被人理解不受人关注的时光。在那些日子里，我们都是会觉得成功遥遥无期，总是会忍不住开始怀疑自己，否定自己。

但是，我们终究会懂得，那段时光是人生中必须经历的日子。在那些默默无声的日子里，我们始终不停地积累和沉淀着，为日后的闪耀积攒足够的能量。

在那段寂寞孤独的时光里，看不到光，得不到肯定，悲伤无人分享，只能自己一个人前行。对于一些人，这是深渊，一旦跌入便是万劫不复；但对于另一些人，这只是深海，虽然同样寂寞，但是依然可以看到美丽的风景，坚守着永不消失的生命力，迟早会绽放属于自己的光华。

人们习惯给自己设限。一次失败便一蹶不振，一遇障碍便停滞不前。光熄灭，便匆匆落幕。为什么这么容易被影响呢？因为软弱，便守在自己的壳里寻找安全感，不敢打破自设的围墙。

可是，没有黑暗，哪里看得到你发出的光？没有孤独，又如何看清自己的心之所属？这个世界的噪声太多，人活在其中，便少不了受到道德规范、社会压力、世俗经验和他人看法的干扰。大雾弥漫，你只能按照早已设置好的路标前行，却可能错过了内心向往的生活。

正是在这无人陪伴的深海中，你才有可能与自己对话，找到真正渴望的东西，成为支撑你一生的光源。

一个人在正常环境下的表现说明不了什么，在无人监督、无人施压的环境下的行为举止才能体现他的真正格局，这才是他的独特之处。

看他困顿窘迫时，看他悲伤寂寞时，看他疲惫劳累时，看他生气激愤时，他的表现，这才是向世人展现光华的时刻。聚光灯之下，每个人都会以最美丽的妆容现身，可是在夜幕之下，你是否还能坚持以最好的姿态出现？一帆风顺之时，每个人都能从容轻松地顺流而行，可是在逆风激流之时，你是否还能掌好船舵一往无前？寒冬之下，那独自俏丽的梅花才尤为惊心动魄；深海之下一个人的坚持才更为打动人心。

你要记得，你才是承载一切美好，绽放所有光华的本体。所有人生路上的曲折坎坷都是为了协助你完成这场绚烂表演的铺垫、背景和旁白。

大学毕业刚入职场的那段时期，我非常焦虑和迷茫。我突然发现学校的知识在工作中一点也用不上，现实根本不是自己想象中的样子。

但我告诉自己一定不要轻易放弃，我要熬过这段沉默的时光。我相信自己也是有闪光点的，只要做到把它放大就可以了。事实证明，当那点光开始绽放时，它可以照得很远很远。

也许你的头顶没有太阳，总是黑夜，但它并不是一团漆黑，因为有东西可以代替它带来光亮。

虽然没有太阳那么明亮，但对深海中的自己来说已经足够。凭借着这束光，便能把黑夜当成白天，便能从绝望中看到希望。这光由自我发出，虽然微弱，却永不熄灭。

阳光固然美好，却也会随时隐退，唯有来源于你自己的光芒，才真正由你把握。更何况，为什么要指望别人给你的那点热情去生活呢？为什么不能争气一点儿，让自己成为吸引这个世界的焦点呢？

前人说得好，这世上有三样东西是别人抢不走的：一是吃进肚里的食物，二是藏在心中的梦想，三是装进大脑的智慧。

你或许无法改变环境，但你可以决定对待它的态度和自处的方式。当你不绝望，不抱怨，重振自我，重启梦想时，哪怕在深海里独自寂寞，依然可以成长为一个有追求、会发光的人生赢家，绽放耀眼的光华。

别着急，
属于你的岁月都会给你

一次著名企业家报告会上，有一位年轻人向一位知名企业家提出了这样一个问题："您能不能给我们年轻人指示一条成功直线，让我们在成功的路上少走弯路？"

知名企业家语重心长地回答道："不能！成功从来不可能只走一条直线，成功就像登山一样，只有不怕挫折、不怕磨难，才有希望登到山顶！"

人生一世，谁没有起起落落的时候呢？越是遭遇挫折就越该打起精神来面对，如果一遇到挫折，人就变得气急败坏、沮丧，又怎能成功呢？俗话说得好："黯然神伤时，则所遇尽是祸；心情开朗时，则遍地都是宝。"成功没有直线，只有正确认识这个道理，并让自己保持一个积极进取的心态，才能拥有真正成功的人生。

在美国，有一位穷困潦倒的年轻人，即使当他身上全部的钱加起来都不够买一件像样的西服的时候，仍全心全意地坚持着自己心中的梦想，他想做演员，拍电影，当明星。

当时，好莱坞共有 500 家电影公司，他再清楚不过了。

他根据自己认真画定的路线与排列好的名单顺序，带着为自己量身打造的剧本前去一一拜访。但第一遍下来，所有的 500 家电影公司没有一家愿意聘用他。

面对百分之百的拒绝，这位年轻人没有灰心，从最后一家被拒绝的电影公司出来之后，他复又从第一家开始，继续他的第二轮拜访与自我推荐。在第二轮的拜访中，拒绝他的仍是 500 家。第三轮的拜访结果仍与第二轮相同。

这位年轻人咬牙开始他的第四轮拜访，当拜访完第 349 家后，第 350 家电影公司的老板破天荒地答应愿意让他留下剧本先看一看。

几天后，年轻人获得通知，请他前去详细商谈。就在这次商谈中，这家公司决定投资开拍这部电影，并请这位年轻人担任自己所写剧本中的男主角。这部电影名叫《洛奇》。

这位年轻人的名字就叫史泰龙。现在翻开电影史，这部叫《洛奇》的电影与这个日后红遍全世界的巨星皆榜上有名。史泰龙在先后共计 1849 次碰壁面前，没有打退堂鼓，继续坚持不懈，终于在第 1850 次获得成功。他的事例再次证明了那句哲理："失败乃成功之母"。

大部分人在一生中都不会一帆风顺，难免会遭受挫折和不幸。但是成功者和失败者非常重要的一个区别就是，失败者总是把挫折当成失败,从而使每次挫折都能够深深打击他争取胜利的勇气;成功者则是从不言败,在一次又一次的挫折面前,总是对自己说:"我不是失败了,而是还没有成功。"总之,关键时刻忍得住,不让自己垂头丧气,毫无斗志,才是最重要的。

成功没有直线,忍得住磨难的考验,用一种良好的心态,让自己在人生的路上坚定地前行。

第七章

出彩的人,要熬得住没有星空的夜晚

破茧成蝶，
痛苦的时候正是你成长的时候

郭老师是个不苟言笑的老太太。她的衣扣总是系到最上面的那颗，花白的头发梳得一丝不乱，头略略昂着，整个人的感觉很像《哈利波特》里的麦格教授。久而久之，大家私下里都管她叫麦老师。

麦老师的课有两大特点，一是特别爱提问，上她的课，被提问的概率比不被提问的概率都要高，常常是同一个问题，她能叫上四五个人回答，两节课上下来，相当于把全班同学都点了个遍。因此，虽然很多人不喜欢听力课，却从来不敢缺勤。

第二个特点就是，麦老师一旦批评起人来相当毒舌。她似乎从不偏袒任何学生，无论是谁只要问题答得不好，她便会不遗余力地挑刺，在不侮辱人格的基础上，简直是什么难听就专说什么。很多年后蔡明在春晚中扮演毒舌老太，很多人都笑称说话真损。而在我看来，这和麦老师简直不在一个段位，小品里的毒舌老太至少还能博人们一笑，想当年麦老师的话那可是句句让人如坐针毡，挨批者只能暗恨自己不够苗条，没法钻进地缝躲进去。

大学四年，麦老师的每节课都让大家提心吊胆，因此大家所做的课前准备也常几倍于其他课程，哪怕最懒的同学至少也会在课前捧着课本猛看一阵，现在回想起来那段时光，真可谓痛苦不堪。

但说来也怪了，毕业几年后的同学聚会，好几个进了外企的同学都说，自己的外语水平在一群新进员工中绝对算得上前几名，至少在那种不是老外就是海归的环境下，自己作为本土大学毕业的学生，张嘴对话却一点儿也不丢人。

大家这才后知后觉地意识到，麦老师当年的严苛给大家带来了什么，上她的课我们没有一分钟不紧张，但正是那些紧张迫使着我们加倍努力，终于换来了今天的游刃有余。

毕业后的第二年，张涛在北京一家广告公司打工，那一年因为业务拓展，部门刚刚成立，除了经理全是清一色的新人。经理是个大腹便便的中年男人，他最大的特点就是喜欢搬把椅子，独自一个人坐在办公室的最后面看报表。开始大家还以为他是图清净，结果有人在下班后试过坐在那个位置，发现可真是一览众山小，全屋子的人一举一动都逃不出他的眼睛。换言之，经理选择那里是为了更好地监督每一个人。

从此以后，只要经理坐在那里，同事就像是上足了发条，一个个全都切换到模范员工状态。业务员一个接一个地打着电话，设计师自觉地将一个海报设计出三个版本，而张涛作为策划，哪怕手里暂时没有什么任务，也要没事找事地查查资料，或者研究一下对手公司的最新作品，总之，大家都决不能让自己闲着。

结果几个月下来，部门竟然也签下了好几单，被公司大老板公开点名表扬。虽然都不算什么了不起的大客户，但这对于一个全是新人的新部门来说，已然算是捷报。

张涛至今仍然记得当年坐在经理视力范围内时，那种如芒在背的感觉。可细想来，也正是这种让人压力山大的监工模式，才得以让我们一帮新人不得懈怠，没有因为聊QQ、刷网店、看小说而枉费了大好时光，而是在保持高速运转中不断提升自己。

如今，张涛已经由当年的职场新人慢慢变成了新人们眼里的前辈。在一波接一波的姑娘小伙口中，他最常听到的抱怨就是"领导太严格"：行间距没调好会挨骂，标题字体不对会挨骂，只拖了半天的稿子就会挨骂，内容不精彩会挨骂，用词不恰当会挨骂……每次他们皱着脸问张涛应该怎么办的时候，他都会告诉他们："没辙，忍着，我也是这么被一路骂过来的，但多被骂骂，也就知道怎么做得更好了。"

这个世界不会总对我们保持和风细雨的态度，尤其是当你做得还不够到位时，更难免受到指摘。但那些当年让自己极其不适的人或事，其实事后看来，无一不是对自己难得的磨炼。有时候唯有痛上这么一把，紧张那么一回，才能促使我们战胜内心的惰性，有动力不断改正和完善。

二十多岁的年轻人大多很随性，很难忍下内心的感受和自己并不喜欢的人打交道，甚至会觉得简直是自虐。

但所谓超越就是如此，超越并不意味着只做自己喜欢的事情，还在于可以忍住现下的痛苦，从中挖掘出能让自己未来受益的价值。

更何况，那些让你不快的事并不代表就是错误的、不好的，愉悦并不是判断一个人或一件事真正意义的标准。事实上越是让人愉悦的事情，背后隐藏的危险系数往往越大，就好像是电影《少年派的奇幻漂流》中的食人岛，平日里椰林沙白，宛如天堂，却专门会找个最惬意幽静的晚上将岛上安心睡觉的人一个个吃掉。

当然，现实中的我们没有食人岛的威胁，可是让人懈怠的惰性却同样具有杀伤力，它能将我们在最该奋斗、最有资格骄傲的年纪，一路拽向满足于现状、安身于稳定的平庸。

所以，别急着排斥那些让自己不快的人或事，他们的存在未必带给你快乐，但是却很可能推着你一步步往前，不断成为更好的自己。

不拼尽全力，
就没有资格说放弃

陈翔就是那种传说中的青年才俊，他是一家跨国企业中年纪最轻的高管，每个月的薪水常常令人羡慕嫉妒恨。当高管不是什么值得震惊的稀罕事，可对于身边的朋友来说，他能拥有今天的一切绝对是个奇迹。

在高二上半学期，他还是个视成绩如粪土的后进生。不光每次考试成绩都使劲儿拖着班级的后腿，而且作风一贯懒散，无论是家长的暴跳如雷，还是老师的春风化雨，到了他身上却都像是拳头打在了棉花上，收效甚微。

但就是这么个油盐不进的家伙，却在高二下半学期开学后，突然莫名其妙地爱上了学习，不仅求知热情空前高涨，而且为人也谦和了不少。他本来脑子就不算笨，一旦发狠学习，成绩自然水涨船高。高三毕业那年，他考上了一所相当不错的大学，并且后来顺利保研，摇身一变成为一枚明晃晃的学霸。

至今，当年教过他的老师还会把他当成浪子回头的典型代表去教育学生，但对于他幡然醒悟的理由，却始终没人探究。

去年春节同学聚会，好哥们趁着酒劲于是八卦地问他，那个寒假到底受了什么刺激以至于脱胎换骨，他淡淡地说："因为我家装修了房子！"

天啊？这就是理由？

那个寒假，陈翔和父母因为装修房子，所以借住在奶奶家。正好上大学的堂姐也来小住几日，陈翔的父母便拜托堂姐给他补补功课，并且命令陈翔火速返回家中取来高一的全部课本。他纵然百般不情愿也只能跑一趟。

到了家里，他跑到原先堆放着课本的角落一看，哪里还有一张纸片？陈翔正琢磨着要不要以此为借口推掉补课，一个声音忽然在身后响起："你找的是不是这个？"

转过身，只见一个年轻的工人正从桌子下小心地搬出一个箱子，打开箱子，里面用报纸严严实实地裹着两摞书，"我猜这是有用的东西，就帮你收好了。"工人笑着将箱子递给陈翔，他接过来后却不以为然地撇了撇嘴，心想不过是些课本罢了，何至于收藏得这么隆重。

陈翔坐在地上漫不经心地翻拣着那一箱书，没想到又有人过来搭讪："这么多书啊，读几年级？"抬起头，认出来此人正是装修队的小老板。

"高二。"陈翔简单作答，继续挑来拣去。

"哎呀，好年纪啊，年轻人，前途无量。"

陈翔不屑地说："有什么前途无量的，没办法罢了。"

"怎么是没办法呢？读书挺好啊！"小老板的眉头都皱起了来。

类似的话陈翔听过无数遍，难免不耐烦，他忽然问小老板："你读过大学吗？"

小老板一愣，有点尴尬地摇了摇头："没有。"

"那你不还是照样可以挣钱，娶媳妇生孩子，比很多读书人过得都不差。"

"那不一样，我这是没得选。"小老板依然摇摇头。

陈翔轻轻哼了一下："没得选还能过得这么滋润，我倒巴不得跟你一样没得选，老早就不用读这些没意思的玩意。"说完他赌气似得把手里的课本扔在了地上，"噗"一下，拍起了一片烟尘。

小老板忽然涨红了脸，蹲下身伸手捡起了书，很心疼地用手指把灰擦干净，然后紧盯着陈翔的眼睛，面色凝重："你这个孩子……你是不是以为，全天下的人都和你一样，可以坐在这里随便摔书？"

陈翔没想到对方会这么生气，嘴张了几下，却想不好怎么回话。

小老板指着墙边一个正在挥舞大锤的年轻力工："你看到他了？如果让你将来去做他的工作，你乐意不乐意？"

陈翔摇头。

"你看，他现在干的活，你这样的城里孩子连眼都不会眨一下，可是他当年高考就差了录取线两分，就两分啊！他家没钱供他复读，他就只能出来打工养活全家，可如果他生在富裕家庭，又有哪里比你差？"

陈翔忍不住望了一眼那个浑身沾满白灰的年轻人，正是刚刚递给自己箱子的那个人。此刻他正蹲在墙角专心敲凿着墙体内的水泥，似乎全然不知身后正进行着一场与自己有关的对话。陈翔知道世界从来就不是公平的，但当命运造就的差距真正摆在眼前时，自己却忽然不知该怎么应对，原本想要用来反驳的话全堵在了喉咙里，上不来下不去。

"再比如我，"小老板拍了拍自己的膝盖："我14岁就从家里跑出来了，走的那天还是光着脚，因为我根本没有鞋可穿。穷到没鞋穿，这是你能想的日子吗？我要是不走，就要被家里的大人送去矿上挖矿，村子里隔几年就有人死在那座矿里，你见过被砸出脑花的脑袋吗？我三岁那年第一次看见，还是我爸爸的。"说到这里，小老板不再说话，而是从自己的衣兜里掏出一支烟，吸了一口后便望着窗外愣神。

陈翔也有些发愣，以往他听过不少人忆苦思甜，但是那些故事里从来都没有过这么骇人的桥段。过了半晌，小老板叹了口气："所以，我离开家，不是我想走这条路，而是想要活命。与其在黑洞洞的矿底下等着被砸死，不如先出来试试，万一有别的办法能赚钱呢？没错，我现在是不用回去挖煤了，但是我这些年受的罪，你可能连想都没有想过——在垃圾堆里捡东西吃，差点被人骗去当小偷，饿极了的时候我看着街边卖馒头的就偷偷哭，因为我连豁出去抢个馒头的力气都没有了。"

小老板拍了拍手里的书，把他放回到了陈翔的手里："我们这种连鞋子都没有的孩子，不管脚底下有多疼都只能用力往前跑，这才叫真正的'没办法'。我知道有些人确实读书不太灵光，但在你说不喜欢之前，总得好好试试，不然你连放弃的底气都没有。"

陈翔抱着书走出了房间，只觉得心里满是陌生的刺痛感，痛得血管里的血都变得奔涌起来，恍惚间他以为刚才的对话不过是自己的一场幻觉。可是当他开门时，却瞥见了刚刚凿墙的年轻人，正偷偷翻起衣袖的里衬擦拭着潮红的眼眶。

"在你说不喜欢前，总得好好试试，不然你连放弃的底气都没有。"这句话在陈翔的耳边响了足足一个假期，他于是做了一个足以改变他一生的决定：去试试，去真正努力一次，哪怕所有努力只是为了理直气壮地说出那句"不喜欢"。

而让他意外的是，让自己开始真正投身其中时，却发现原本厌恶的一切，竟然并非那么面目可憎，有时人就是这么奇怪，拼尽全力只为验证自己何时放弃，却由此找到了坚持下去的理由，和另一个自己。

我们总喜欢抱怨自己缺少些什么，却很少先去看看自己此刻所拥有的。我们羡慕别人不走寻常路却也闯出了一条路，却没想过他们背后的纠结和苦闷，没想过那每一个脚印后的沉重。我们把放弃和退却当成了习惯，一不顺心就跳槽，一言不合就分手，却忘记了应该先学会珍惜，先学会在离场前真正用心去做好一件事，哪怕只是为了日后放弃时不留遗憾。

没有鞋的孩子只能咬牙奔跑，但即便如此，他们仍在努力承担起自己所需承担的重任，仍然拼命尝试着每一个改变自己人生的机会。而对于拥有更大选择空间的人们来说，在真正拼尽全力前，又怎么好意思说出那句"我不喜欢"？

真正的失败从来都不是结果的不尽人意，而是拥有的时候随意挥霍，和未曾用心尝试前的轻言放弃。

做一个坚硬的鸡蛋，
和未来死磕到底

我们每个人都是一颗鸡蛋，独一无二，我们应该有属于自己的精彩人生，每一个有梦想的鸡蛋都值得赞美。即便走错，我们还可以重来！

有一个学习很勤奋的男孩，18岁那年，他高考失利了。命运给他开了一个玩笑，他所有的努力都化作泡影，他的内心充满了不甘心。

父母是铁路职工，没让他跟着一批批的同学、跟着一列列的火车离开这个西部的小城，他们觉得留在铁路上是男孩最好的选择。于是，他成为一个小小的铁路工人。

一天夜里，男孩在看守铁道的小棚屋里，一个人开着收音机，听着收音机中传来的那些温暖人心的声音，那些声音是那么的美妙，美妙的声音让他一下子回到了学生时代，那时，他还是不知世事的高中生，在校园里，在老师的指导下，也开设了自己的校园广播。

封闭的校园里，大家都渴望着逃离围墙圈禁的校园。渴望在书店、网吧里，找到一些和这个世界联络的东西。男孩的声音，和他在校园广播里朗读的文章，成了被禁锢的躁动的心儿们清脆的泉鸣。

那一刻，大家是快乐的，他也是快乐的。

而这一刻，逼仄的小屋，冰冷的铁轨通向夜色的深处，远处又有着什么？巨大的钢铁机器，在夜色里趴伏在轨道上，仿佛在窥视着一个少年孤寂的心。

他常常在夜里，一个人拿着手电筒从小屋走到废弃的车厢，再从车厢走回小屋，或者坐在办公室里，听一群中年大叔阿姨说着了无生趣的黄段子。端着茶杯，看着报纸，打开电脑玩着早已经被淘汰的纸牌和扫雷游戏。

男孩常常戴着耳机，听着广播，看着站台上人来人往，一波又一波的人像海浪涌来，又被火车带走。来的来，走的走，从来没有谁像自己被圈禁在冰冷的现实里。这不是他想要的生活。

接下来，便是和父母的争吵，父母觉得自己托了关系送了钱，才把他也拉进了被很多人羡慕的铁路系统。父母觉得这应该是很多人求之不得的生活。他却说，他的梦想不在这里。

不断的争吵与不断的妥协，他们终于达成协议。男孩可以去实现自己的梦想，但是如果过得不好一定要回到这里，继续留在铁路上工作。

男孩临走那天，悄悄把铁路上办理的探亲卡放在桌子上。那张卡意味着在艰难买票的时候，你可以因为是铁路工人或者亲属而得到很好的照顾，不管你在天涯海角，都能很快地回到自己的家乡。他觉得他不再需要这样一张卡了。

他觉得自己的梦想在远方。看惯了火车一列列地带走那么多人，他们风尘仆仆，或者携着巨大的包裹，去到沿海打工，或者去北京上海追梦，他要去远方实现自己的梦想。男孩告诉自己，关于未来，就算这条路走错了，他还可以回到起点重新出发，人生绝对不是从看守铁路的小屋到废旧车厢之间的距离与长度。

他来到天津，一座繁华的都市。他在那里开始打工，兼职着很多份工作，晚上还报了夜校念大专。他学的是播音主持专业。他不知道这个根本不入流的大专，自己梦想的播音主持于这个世界意味着什么。他也没想过这个世界上有太多和他同龄的人，拿着毕业证书在人才市场里望穿秋水。

兼职的艰辛，敌不过对未来的渴望。突然有一天，他接到了高中老师的电话。曾经他是三好学生，高考后，他以为整个世界都抛弃他了。但当年的老师，却为那个有梦想的少年留下了一扇敞开的门。当年和他一起办校园电台的老师知道他在天津，在这里出差的老师告诉男孩，她从天津的朋友那里听闻天津的都市电台正在招客座主播，或许对他来说是一个机会。

人生有时候就是这样，悄然地柳暗花明。

他进入了电台，哪怕是客座的主播，他也像是抓住了梦想的尾巴——当你像一只展翅翱翔的鸟儿，朝着你渴望的方向飞去时，没有人能够拦得住向往自由的心。后来他成了天津电台的主播，再后来他顺利地去了央广。中央人民广播电台，对于一个几年前还是西部小镇里看守铁路的少年工人来说，那是太过绚丽的舞台。

这个男孩便是人们熟悉的电台主播阿鹏。夜色里，他用声音讲述着温暖的故事，温暖着都市繁华夜色里每一颗寂寞的心。

他在电台里常常会说一句话：夜晚的声音会发光。曾经无数次地，他作为一个看守铁路的少年，被那夜色里电台的声音散发的光亮照亮，照亮更加精彩的人生。他不知道这城市的夜色里，有多少个被生活打倒的少年，像当初的自己一样，渴望一个声音能够指引自己的方向，可他知道哪怕只影响了一个梦想，也是自己莫大的荣耀。

繁忙的都市里，行色匆匆的人们，麻木的表情里看不到一丝正在和梦想并肩战斗的激情。

我们的激情都淡了，没了，只有在那样的夜色里，我们也许被广播里的故事，书本上的句子，电影的画面触动，还能偶尔想起自己渴望的路。但转眼我们又安于父母安排的前程，自己托关系进的国企或者安逸闲适却没有未来的工作。麻木地生活，煮着泡面，啃着饼干，在无数个夜里莫名醒来，发现电视机还在播放着无趣的电视节目。

最怕孤单，最怕失眠，因为那样的夜里我们会想起很多，想起自己还没有实现的梦想，想起自己没有勇气和这个模式化的生活抵抗，我们会嘲笑所有像哈伦·叶海雅、堂吉诃德那样疯狂地为了自己的梦想和不可能战斗的人们。

叫他们放弃吧，其实我们是在叫自己放弃吧。因为我们是多么的怕，自己还停在原地，而身边的人都和自己的内心拥抱。我们都恐惧着做一个孤独者，但我们却又不能改变自己，去做一个幸福的成功者。

当你嘲讽哈伦·叶海雅、堂吉诃德，觉得阿鹏从铁路工人到央广主持人太个例，在自己身上根本不可能，你或许应该想想村上春树那句话：以卵击石，在高大坚硬的墙和鸡蛋之间，我永远站在鸡蛋那方。或许，趁青春不晚，趁年华未老，趁梦想没灭，做一个坚硬的鸡蛋，和未来死磕到底。

实现人生的另一种可能，
唯有努力这一条路

　　知名作家刘墉，在他还是高中生的时候，面对未来的人生，他和你我一样，都处于未知和迷茫之中，或许离开高中之后的几年十年，我们从18岁长到28岁，还在迷茫人生在哪里，要怎么去追寻，或许我们已经放弃了曾经渴望的理想的人生。18岁的刘墉在读书时代，似乎就知道人生不只有一条单行道，不是只有靠着读书考学，进入研究院进入社会这样的路。

　　高中的时候，刘墉多少是有想放弃靠着考学来混人生的想法。他创办了校刊，总是请假去印刷厂，整天蹲在那里。自那之后，他的成绩总是拿"丙"。有时候训导处说，校刊上文章有早恋倾向或者不够积极向上，要撤掉，他就蹲在印刷厂赶稿子。他还发现最快填补"天窗"的方法是写诗，于是又开始写诗，这一写竟然把自己写成了诗人，拿到青年诗人奖，参加世界诗人大会。

　　无论是做出版家、编辑还是诗人，刘墉在最青春的年纪给自己铺设了很多条可能的路。进大学之后，他仍然在编刊物，继续和印刷厂打交道。大概不懂印刷的诗人不是好作家吧。铺设了那么多的路,最终成就了他当作家的梦想。

当他写出自己的第一本书《萤窗小语》时,他找到一位出版商,出版商翻了翻,笑笑说:"小小一本书,你自己印吧!"后来他又把书稿拿给自己服务的《中视周刊》,希望公司能为他出版,他们同样翻了翻说:"小小一本,你自己出吧!"

于是他就真的自己出了。

自己写,自己编,自己设计,自己校对,自己出版,出版了《萤窗小语》。最先印了几千册,没想到很快就卖光了。后来一版接着一版,重印了很多次,最终卖出了几十万册。

后来他一本接着一本地写,最终推出了数十本著作,所有这些东西,都发源于中学时自己为未来埋下的伏笔。

如果当初他没有进入社团编辑校刊,如果当初他把未来的路都押在了考学上,如果他没有耗费那么多的时间和心力在印刷厂里,如果他听从了出版商的建议觉得没什么出版的价值,就没有他的那本书问世,也很有可能不会成为一位享誉海内外的畅销励志作家。

几十年后,他再说"人生不是单行道",并不是什么新的道理,现在他说要一辈子地学习,一辈子地和梦想折腾,也不是什么新的道理。至少于年少时的他来说,为今天的这番话做了最好的注脚。

刘墉的人生并不是到当作家写书就结束了。他还继续在投资自己的梦想,投资更多的路,更多的人生选择。他用畅销书赚的钱来贴补自己的"私房书"，做很多看起来是"赔钱"的事，疯狂的事。

大学毕业后，他去高中教过书，后来辞职去电视台做综艺主持人，广告满档之后，又去了冷清的新闻部门，当他拿到"最受欢迎的电视记者"之后，又索性辞职去了美国。在美国继续念书、教书，拿到副教授职位之后，他又干脆地辞职回到了台湾。在不同的行业不同的领域，不同的人生可能里，他不断地尝试，不断地学习，不断地探访到每条路尽可能的高峰。

就像他说的，人生从来不是只有一条路，如果自己把梦想限制得太死，不给自己留条后路，只看到一种人生，那又怎会有今日的他。

写书成功之后，他又开始赔钱钻研绘画、摄影，从来没有停下脚步，从来没有把自己的脚步和视野圈禁起来，没有把自己的人生放在日复一日的单调工作里，即便是单调的工作，他也可以拼命做出成绩，然后展开新的人生。

刘墉还讲过一个小故事。大学时，有个很会看手相的同学，拉着他的手左瞄右看，突然叫了起来："天哪！你手上有个星星纹耶！三条一样长的短线，交叉在一点上，呈放射状的掌纹。"

刘墉好奇地问："那有什么好处呢？"

他说："那表示有颗星星抓在你手里啊！这世界上每个人都有自己的星座，每个人都能在天上找到属于他的那颗星，但是大部分的人，星星在天上，他只能跟着天上的星星走，听那星星的支配。可是你不一样，星星抓在你手里，你可以自己走自己的路。"

每个人，无论你手上是否有那个星星纹，只要内心有那样一颗梦想的星，对自己的人生有所期望，不断奋斗，都会拥有不一样的人生。太多的人，都陷入了模式化的生活，少小读书，长大离家，为了一份或多或少的薪水，做着自己可能并不那么喜欢的工作，过着平淡得能够一眼看到终点的生活。

人生不是单行道，几十年前刘墉还是一个高中生时就懂了。

这个世界太浮躁，人心也太浮躁，静不下来，却又渴望更多，但又迈不出关键的一步，或许我们每个人都曾想过，是不是当初自己不那么选，不填报这个志愿，不做这份工作，会有不同的人生。

世界那么大，那么丰富多彩，以致我们一生都难以穷尽，为什么还要把自己的人生缩在一个安然地习惯了不想改变害怕改变的蜗牛壳里呢？也许我们很难成为下一个刘墉，但我们可以不那么难地成为一个和过去不一样的自己。

再漆黑的夜晚，
也终将会迎来翌日的阳光

微博名人兼作家琢磨先生曾经说过这么一句话："梦想是内裤，有，但不要给别人看。"从梦想到内裤的比喻虽然有点跳跃，但却恰好切中了梦想的本质——它本该是属于你的私密事件，你自己知道就好，实在无须广而告之。

而现实却是，很多人一旦做出了个重大决定，却偏偏最喜欢在第一时间让他人知晓。尤其是很多意气风发的年轻人，每当对未来有了个新的念头或新的规划时，马上就微信发一遍，微博发一遍，QQ空间再发一遍，之后再将其设置为个人签名，只恨不能真的开一场新闻发布会让全世界都知道。他们这样做，倒并非出于虚荣或是炫耀，而是单纯地觉得："这是好事啊，我想跟所有人分享，难道有什么错吗？"

错确实没有，但却难免有些自找麻烦。

有个小伙子从事金融工作，但是多年来，内心一直都揣着编剧梦，他用业余时间写了几个剧本，还特意托人找到专业导演进行指导，按照小伙子的计划，他准备等到自己的作品获得认可后，再决定是继续现在的工作，还是辞职做一名专职的编剧。

这个计划原本挺好，既给梦想留了充分的空间，也保证了正常的生活可以继续。但他在一次家庭聚会上一时高兴，便将自己的想法和盘托出，没想到说者无意，听者却都上了心，从那以后，他的耳边就再没了安生。

第一重干扰来自他的母亲，作为妈妈地觉得，编剧这种月收入不固定的工作纯属瞎扯。为了防止儿子哪天真的自作主张辞了职，她还特意从老家来到了北京，名为照顾，实为监视。只要一看见他在家打开电脑，母亲就分外紧张，只要他说与朋友见面，母亲就特别焦虑，时不时还会打出几张亲情牌，一把鼻涕一把泪地诉说把他养大成人有多不容易，话里话外的意思就是："现在的日子多好，你可别给我作！"

而第二重干扰则来自于父亲。父亲年轻的时候，也是个心怀文学梦的文艺青年，后来因为种种原因未能如愿。因此，当他听说儿子有这样的计划时，简直就像是看到了革命接班人，不仅不反对，还给予了热情的支持和鼓励。

可这种支持有点过头了，几乎每个星期，父亲就会给他打一次电话，催问剧本的进度，打听有没有人有合作意向，要是连着几周听到的回答都是没什么进展，老爷子就会一副恨铁不成钢的口气，觉得儿子光说不练，压根儿就不努力。

只可怜了小伙子，就好像是一块夹心饼干，承受着两股方向截然不同的压力，所有的时间几乎都用来百般安抚两位老人，哪还有精力去实施自己的计划。

每个人梦想成真的过程中，都会遭遇到很多阻力，有些阻力的施加者看似是别人，但原因其实来自于我们自己——我们耐不住这一路的沉寂和孤独，所以迫切地希望听到别人的声音。

将梦想公布于众时，我们其实是想要寻找一个同盟者，唤起一些鼓励的声音，希望能有人说一句："哎呀，你想做的事情，真的特别适合你。"却忘了别人对于梦想的解读，很可能跟自己有着巨大的差距，你认为重要的，在别人心里或许一钱不值，你认为对的，在别人眼中很可能是个弥天大错。

而且，那些困扰你的声音不会只有一种，有时候过度的关心比反对更加会成为一种阻力。这时候的你，就像那个老笑话里的人一样，你骑着驴，有人说你虐待动物，你抬着驴，有人说你脑子进水，你跟在驴后一起溜达，有人说你自找苦吃，总而言之，无论你的梦想是什么，一定会有人跳出来说你不对。

当质疑和否定的声音不绝于耳时，一个人难免会乱了心智、没了主意，尤其是当那声音来自于我们至亲的口中时，更会让我们不由对自己产生了怀疑，甚至会思索是否就此放弃。

事实就是，当我们将自己的梦想大张旗鼓告诉别人时，本想让自己多一些动力，但结果通常会适得其反，让自己更加犹豫。

人们常说梦想者需要独行，不仅是敢于走别人不敢走的路，还在于要忍得住这一路的寂寞。很多时候，我们只能和自己的内心对话，从自己这里获得肯定和鼓励，但这也正是每一个梦想者所必须具备的勇气。

勇敢的人，不仅是可以在面对质疑声音的时候，将既定的路继续走下去，还在于能拥有将一切酝酿于心的沉稳，和即使无人陪伴也能继续向前的底气。

法国思想家狄德罗曾经说过这么一句话："忍受孤寂，或者比忍受贫困需要更大的毅力。"你的梦想，本就只需忠于你自己，无须征得旁人的同意。

只要是你认定的目标，你无须和任何人商议，只需背起行囊，将方向藏于自己心中，一步一步，沉默而坚定地走下去。

为了生命最美的际遇，
努力奔跑吧

人们很喜欢为努力的程度限定一个具体标准，比如想做一名厉害的写手需要读多少书？临摹多少幅画便能自成一派，当上画家？挣得人生第一个一百万大概需要多少年？数量也好，时间也罢，每个人都迫切地寻找着这样一条明确的分界线，好知道到底需要付出多少，就能得偿所愿。

大学的时候，为了备考英语四级，几乎人人都会去上补习班，其中报名最火爆的当属那种号称可以"7天攻克四级听力""一个月让你成功过关"之类有着明确时间标示的培训机构，那些张贴在布告栏上的数字格外猩红耀眼，却也格外让人心安，我们都很乐意相信只要自己加入其中，便能得到一个保证、一个承诺、一个自己只要埋头用功若干天就能将问题完美解决的方案。

尽管，最后的考试结果总会证明7天搞定听力或一个月变身应试小能手，其实就是个蹩脚的笑话，但这并不妨碍更多的人前仆后继，为那条具体的标准所蛊惑。

我们为什么固执地想要找到那条分界线？因为谁都不希望直到最后一刻才发现自己的努力没有意义。这个无意义，既有可能是夸父追日般穷尽一生只为一个遥不可及的目标，也有可能是用力过猛，所花的精力大大超出实际的需要。我们并非是因为懒惰而不愿付出，而是总也无法刨除掉自己对于结局的功利心，无法做到仅仅为了做好一件事，义无反顾地投身其中。

只不过，我们在试图遥望结果的时候，却忘记了一点：起点与终点之间的连接，往往并非是条一望到底的直行线，其中的轨迹变化总是出人意料。最终我们可以获得些什么，除非一直埋头走下去，否则永远无缘知道。

一个高中男生是忠实的摇滚乐爱好者，爱好到什么程度呢？你随便报出一个摇滚明星或乐队的名字，他就能从第一张专辑历数到最新的作品，顺便连每个阶段的代表作、风格特色、合作的乐手都说得不差分毫，俨然一部摇滚小辞海。但在学生时代，这类的博学显然并不被老师和家长们喜闻乐见。

相反，他们很为他的这种爱好所担忧，不仅怕耽误学业，更觉得这样的爱好对于他未来的发展毫无助益。其实也不怪他们忧虑，就连身为他的同学，大多也觉得他的爱好着实没什么用。因为他是天生的五音不全，而且还不会识谱，无论是做摇滚歌手还是演奏，对他而言难度系数都是极大。

不过他本人对于这种种看法倒是并不在意，而是继续坚持着看似毫无意义的热爱。时间久了大家也有些见怪不怪，只当成是他青春期剩余精力的一种宣泄，认为等到若干年后荷尔蒙不再旺盛时，他自然抛之脑后，不会再继续做看不到结果的无用功。

但结果却出乎所有人的意料。大四那年，他身为一名食品化学专业的毕业生，却一路过关斩将，PK掉多位专业对口的强悍竞争者，成功跻身一家知名重型音乐杂志社。并且此后一路上升，没出几年就成了昔日同窗中的翘楚。而这一切，倚仗的却恰恰是他多年坚持的癖好。

据说他在面试时，各级主考官对他拥有渊博的摇滚乐知识和独到见解很是惊叹，尤其是他的上司，和他聊了不到一个小时后就在面试表格上写了一句话："我从没见过哪个和他同龄的人，在这方面比他知道得更多！"就这样，当年不被所有人看好的那份热爱，竟然演变成了难得的机遇，人人都以为再怎么坚持也毫无结果时，他却一直埋头向前，直走到曲径通幽。

他曾说过，自己当初从来就没想过这些，那些年之所以那么专注，不过是为了对得起心里的这份热爱。至于而今获得的一切，只是顺其自然的结果而已。越是不问结果的人，越能将事情做得卓越，越容易被机会所青睐。

对于结果的过分在意，往往会局限我们的目光，让我们仅仅看到那唯一的可能性，并由此忍不住计算着自己的付出程度。其实，任何事情都不会只有一个结局，那些柳暗花明处的机会，只属于心无旁骛、凭着一腔热爱就敢往前冲的人，正是这种不计结果的傻气，才让生活充满了更多的可能性。

印度有一部著名的佛教经典，叫作《薄伽梵歌》。书中记录了一位天神引导一位迷茫中的武士遵循内心声音的过程，其中一个场景让我记忆犹新。在弓弦紧绷的战场边，武士为自己应该支持对战的哪一方而犹豫不决，他害怕选择的结果会让自己难以承受。

这时，天神悠悠地对他说了一句话："不要考虑结果，因为结果与你无关。"

武士顿时瞪大了眼睛："啊？"

天神继续说道："一个人如果只专注于成果，就会为了结果而不惜改变过程，绝不能为了获得奖励而去选择行动或不行动，着眼于自己可以做的事情就好。"

如果将天神的话翻译成文艺范儿的现代语言，那就是："你只负责精彩，老天自有安排。"

忘记成败，忘记结局，别去管能在哪个转弯超越什么人，也别去管最后是否能捧得奖杯，你只需要奔跑，将全部力量集中于脚下，将全部的目光聚焦在前方，一步步无比坚定地跑下去。只有这样，你才能不被所谓终点牵绊住脚步，得以和生命中最惊喜的际遇相逢。

你必须承受住
成功之前的寂寞

台湾著名作家刘墉曾经说过,每一个年轻人都要过一段"潜水艇"似的生活,先短暂隐形,找寻目标,耐住寂寞,积蓄能量,日后方能毫无所惧,成功地"浮出水面"。

成功的人,都是能够承受住寂寞的人。而一个胸无大志的人是耐不住寂寞的,他们常常会被外面的花花世界所干扰,最后在朝三暮四的动摇与徘徊之中浪费了自己的大好时光。如果你有开创事业的远大志向,能够在浮躁的环境中真正静下心来,踏踏实实走好每一步,坚守住寂寞,那么你一定能获得惊人的成就,也会对生活中的寂寞和快乐有更多的感悟。

很多年前,有一个养蚌人,他想培育一颗世界上最大最美的珍珠。于是他一大早来到沙滩上准备挑选沙粒。他耐心地询问一颗颗沙粒,问它们愿不愿变成一颗美丽的珍珠,但那些沙粒都摇头说不。直到黄昏他快要绝望的时候,终于有一颗沙粒答应了他。

旁边的沙粒都嘲笑那颗沙粒,说它不是傻瓜就是弱智,去蚌壳里住，深藏海底很多年，远离亲人朋友不说，还见不到阳光雨露，享受不到明月清风，甚至还缺少空气，只能与黑暗、潮湿、寒冷、孤寂为伍，实在是太不值得了。

可是那颗"傻傻"的沙粒还是无怨无悔地随养蚌人去了。

几年过去了，那颗沙粒成长为一颗晶莹剔透、价值连城的珍珠，它整日周游列国，在让人们欣赏自己的美丽的同时，也赢得了人们的尊重和赞美。而曾经嘲笑它的那些伙伴们，却依然是一堆沙粒，有的已风化成土。

耐得住寂寞，守得住繁华。成功前，总有一段寂寞孤独的旅途。当走过黑暗与苦难的长长隧道之后，你或许会惊讶地发现，平凡如沙粒的你，不知不觉中已成为一颗璀璨耀眼的珍珠。

人生在世，路，还要自己走。在命运的航程中，无疑每个人都是独行者。可能有的人会一帆风顺，但更多的会坎坎坷坷。这些坎坷都是磨砺，是财富。

其实，人生是一个自我修行与修炼的过程，当你发现了自己生命与工作的意义，找到了自己的方向，就应该耐得住寂寞，经得起诱惑，驱除掉浮躁，扛得起挫折。

想要成功的人，一定要记住：想要成功，就要先经历一段没人支持、没人帮助的黑暗岁月，而这段时光，恰恰是沉淀自我的关键阶段。犹如黎明前的黑暗，挨过去，天也就亮了。

第八章 你的坚持,终将美好

熬得住，
就是意味着一切

很多朋友会抱怨，说自己大学读错了专业，错失了自己的最爱；工作上各种不顺心，辛苦奔波表面光鲜而已；自己的未来一片迷茫，到底该怎么办？这个世界仿佛几乎没什么人大学读对了专业，又恰好做着自己所爱的工作，领导重视，同事关爱，清闲并且工资高。

在这里，我们可以读三个年轻人的故事。

第一个故事，一个男青年，是宽带公司的一名普通网络维修人员。他从小父母离异，跟外公一起生活，他几乎每天都要工作到半夜12点多，因为过了12点有一小时100块钱的加班费。一个客户报修网络，他说周日不能来，因为要考雅思！客户心里惊讶，你一个维修工人考雅思？过了一段时间，他再次上门维修，跟客户说："我要去新西兰读书了，雅思考过了，也拿到了offer，以后就不能来修了。"

客户惊讶得不得了，随口问他："那你为什么去新西兰，雅思过了好多国家都可以去啊！"他说："因为我女朋友在那儿，我就想过去陪她一起。陪读的话，我们慢慢会有差距，所以我也要考过去，这样我们的距离就不会太远。"

客户送了他一枚从昆明带回来的香包，祝他幸福。他再也没来修网络，有时候网络坏了，就会想起他的故事。

第二个故事，一个在电梯里工作的电梯工女孩，每天在电梯里上上下下，穿得很土，不化妆，扎一个马尾，一个水杯，手里一本英文书。从开始见到她是高中课本，然后慢慢变到大学课本，四六级，考研，托福。

谁都没有在意过她在学什么，她在看什么，她是什么背景，她住哪里，工资多少，她有什么梦想，她学这些想要干什么，她除了学这个还在学什么。不知道。楼里的居民有时候会把家里看过的杂志送给她，大概是觉得，只要是有字的东西，对一个电梯工来讲，就能用来学习吧。后来，她消失了很久。再见到她，她穿着职业套装，匆匆忙忙地跑进一个写字楼里。

第三个故事，一个农村姑娘，从小到大没出过县城，来北京做保姆。家务之余，此女苦读英文学普通话，上夜校，读自考，什么水平不知道。

后来这姑娘当了对外汉语老师，专门给没有很多钱，但是又需要中文辅导的外国学生做老师，她不挑活，大小钱都赚，自己又节省，后来买了一部小QQ，这样能更快地穿梭在城市中，给更多的学生上课，省下路费和时间。

令人惊奇的是，姑娘还开了个早点摊，每天卖豆浆鸡蛋和烧饼，同时还卖玫琳凯。朋友觉得上天都会被这姑娘折服了。

这就是生活中三个普通青年的奋斗故事，他们没学历没背景，他们连选错一个大学专业的机会都没有，他们连什么叫"对口专业"都不知道，他们连让高素质牛人打击的机会都没有。他们想要的，也许只是你我唾手可得的东西；他们拼命努力赚得的钱，也许是我们开口就能从父母手里拿到的数字；他们来到这个城市之初，卑微得所有人都看不见。但是不要紧，他们看得见他们自己。

现在的年轻人太想要一夜成名，一夜暴富，一件事坚持3个月没有结果，就开始抱怨上天不公，没有伯乐。有没有人看看考拉博客的最后一页，你眼中的成功人士、励志达人的她，是从哪年哪月开始奋斗的？什么是奋斗？奋斗不是让你上刀山下火海闻鸡起舞头悬梁锥刺股。奋斗就是每天踏踏实实地过日子，做好手里的每件小事，不拖拉，不抱怨，不推卸，不偷懒。

每一天一点一滴的努力，才能汇集起千万勇气，带着你的坚持，引领你到你想要到的地方去。难吗？不难。有没有勇气，摸着自己的心说一句："我的青春，不抱怨社会，不埋怨不公，只努力，超越自己。挺住，意味着一切！"

多一分煎熬，
就多一分强大

一个成功人士在谈到自己的成功历程时，曾很有感慨地说："成功者和失败者非常重要的一个区别就是，失败者总是把挫折当成失败，从而使每次挫折都能够深深打击他争取胜利的勇气；成功者则是从不言败，越磨砺，越强大。"

在生活中我们会经常遭遇人生的逆境，但面对逆境和挫折如何反应却是我们自己的选择。美国作家布拉德·莱姆在《炫耀》杂志上撰文写道："问题不是生活中你遭遇了什么，而是你如何对待它。"成功者从不在挫折和失败面前逃遁、沉沦，而应在挫折和失败中崛起、抗争，在挫折和失败中自强不息。

"我的一生都献给了非洲人民的这场斗争之中。我为推翻白人统治而战，也为推翻黑人统治而战。我崇尚民主和自由的社会，在这样的社会里，所有人都和谐相处，都拥有平等的机会。这是我为之奋斗、并且希望能够实现的理想。但如果有必要，这也是我准备为之牺牲的理想。"

这是曼德拉的宣言。1962 年，43 岁的曼德拉被捕入狱，南非政府以"非法出境罪"和"煽动罢工罪"两项罪名判处了他五年监禁，而在他服刑两年后，他又在著名的"里沃尼亚"审判中，被南非政府以"企图暴力推翻政府"等四项罪名判处终身监禁，也正是在这次审判中，曼德拉发表了如上鼓舞所有南非黑人的"斗争宣言"。

曼德拉的梦想也许对我们而言很简单，民主和自由，身处一个开放的社会就可以了，但对曼德拉而言，要实现它，却是一个漫长而曲折的过程。为此，他甚至放弃了成为酋长继承人的资格，"绝不愿意以酋长的身份去统治一个受压迫的民族"。哪怕被处以终身监禁，哪怕在铁窗里苦了待 27 年。

曼德拉是一个值得尊敬的人，不仅在于他的成就，同样在于他对磨难的人生态度。

维克托·韦斯特监狱，曼德拉生命里我们看来最"黑暗"的地方，没有让他失去理智和放弃希望，没有改变他对梦想的坚定，更没有改变他乐观、幽默、平和、宽容、坚定的高贵品质。他在坚韧中等待梦想实现的那一刻的到来，他也做好为这个梦想献出自己生命的准备。

曼德拉在自传中这样写道："即使是在监狱那些最冷酷无情的日子，我也会从狱警身上看到若隐若现的人性，可能仅仅是一秒钟，但它却足以使我恢复信心并坚持下去。"

曼德拉所遭受的一切都是为实现理想而付出的代价，而他其实早知道自己会这样,但他依旧选择这样做,正是对理想的不懈坚持,曼德拉迎来了胜利的曙光。如此,曼德拉传奇的一生才会变得无比绚烂。

困难和挫折对我们来说是一种危机,也是一种挑战。马斯洛曾说过:"一个人面临危机的时候,如果你把握住这个机会,你就成长;如果你放过了这个机会,你就退化。"所以说,

越磨砺,越成长,面对挫折,别像温室内的花朵一样害怕风雨,而应该狠下心来,让自己栉风沐雨,在暴风雨中变得更强大。

除了你自己，
没有人能够放弃你

别人的人生充溢着五彩缤纷的故事，而他的人生却挤满了惊天动地的事故。

他曾经是一个不会说话的婴儿，直到 3 岁那年，才有幸蹦出一个字，让家人欣喜若狂，但也在 3 岁那年，他经历了人生中第一次坎坷——小小的他在横穿马路时被车撞飞。

那场车祸中，他很庆幸自己只是轻微脑震荡，缝了几针就好了。然而，从此以后，麻疹、皮疹、水痘、湿疹、肺炎、哮喘等各种病魔接踵而至，它们如影随形，乐此不疲地折磨着这个名叫特纳的小男孩，小特纳也只好全力奉陪，顽强地与病魔抗争。

10 岁那年，小特纳又不幸结识了更强大的病魔——面瘫。那原本是个喜庆的节日，早上，他原本打算收拾好去参加节日游行，可就在刷牙的时候，他发现自己的脸庞有点不听使唤的感觉，接着他的半边脸就突然提不起来了。

"天哪！"他拍了拍自己的那半边脸，"我的脸怎么了？我多么想参加今天的游行活动,可是,我该怎么办?"

他能怎么办呢?他只好让妈妈再一次将他送进医院。

在去医院的路上,他不停地问妈妈:"妈妈,真的有上帝吗?上帝真的是慈善的吗?那他为什么对我那么残忍?上帝是万能的吗?那他为什么不能给我一点点帮助?妈妈,你知道吗?我真的不喜欢光顾医院,我真的不喜欢结交医生,我对自己的身体很无奈!"

妈妈的心痛自然不会表现在脸上,她整理了一下自己的心情,微微一笑说:"当然有上帝了,他是万能的,也是慈善的,但是,他也是智慧的,他知道你很坚强,所以派遣病魔来考验你,目的是把你磨炼得无比强大——你看,上帝在天上看着你呢?"

小特纳顺着妈妈手指的方向,什么也没看到:"我看不见上帝,但上帝一定能看见我——所以,我要表现得勇敢一些!"

在医院里,小特纳勇敢地接受了脊椎穿刺手术,这是一个无比痛苦的过程。当医生把一根针扎进他脊椎里准备抽骨髓时,他疼得大喊大叫,但却没有丝毫挣扎,而是强忍着剧痛,因为他相信:上帝在看着他。

两个星期以后,他的面瘫症状消失了,然而,病魔并没有放过这个坚强的孩子,他的嘴巴开始出现问题了,他变得口齿不清,无法表达自己所想,让听的人弄不明白他想说些什么。多亏他有一个善解人意的哥哥达柳斯,一看到心爱的弟弟张嘴,就可以根据他的嘴型判断他要表达的话语,于是,哥哥成了弟弟的"贴身翻译"。

在家里，小特纳在妈妈的照料和哥哥的陪伴下，艰难地成长着；在医院，他积极地配合医生的治疗，让自己的嘴角组织慢慢灵活起来；在学校，他除了正常上课以外，还专门报了演讲课，训练自己的发音，让自己慢慢地讲话。

体弱多病的身体，那是童年留给他的痛苦记忆，这位弱不禁风的少年，并没有停止自我拯救的步伐。他听说打篮球可以强身健体，便开始了漫长的篮球生涯。尽管在篮球场上经常被别人碰倒在地，常常伤痕累累，痛不欲生，但他不泄气，对篮球永远充满无比的热情和激情。可是，玩伴们泄气了，跟这么虚弱的他打篮球太没意思了，也太危险了，于是，学校的伙伴放弃了特纳。可是，特纳没有放弃自己，哥哥也没有放弃弟弟，在家里，兄弟俩就是最默契的玩伴。

贫困的家里没有篮球场，也没有篮球架，于是，兄弟俩相约在自家后面的小巷子里建造一个独特的篮球中心——他俩把一个装牛奶的板条箱固定在一根电线杆上，用铁棍捏了一个篮筐圈。

从此以后，日复一日、年复一年，两个相亲相爱的少年在小巷子里追逐着篮球，也放飞着希望。他想：上帝在看着我呢？我要好好表现。

在上高中时，特纳开始能够毫无障碍地在众人面前说话，他的身体也越来越强壮，篮球技术越来越高，并有幸收到了享有盛名的美国研究型公立高等学府，同时也是本州排名第一的公立大学——俄亥俄州立大学提前录取的通知，并在这所大学里的篮球联赛上取得了优秀的成绩。

  2011年的夏天，在著名的美国NBA选秀大会上，特纳赢得了专家们的高度评价：融合了天赋、身材、爆发力、篮球智商、篮球大局意识于一身的优秀球员。接着，他以榜眼的身份被费城76人队选中，签订了三年价值1200万美元的合同。

  人生是一条波涛汹涌的大河，我们是一群不谙世事的水手，并非每一个水手都能在惊涛骇浪中"直挂云帆济沧海"。前路坎坷就放弃吗？布满荆棘就畏惧吗？没有谁愿意遭受不幸，但它总是会发生。

  与其害怕退缩，不如坦然接受。世路坎坷，心旅迢迢。访雨寻云的远足，渴望每一条直路。而谁又能预测人生的天气呢？但只要心灵的天空没有阴霾，阳光定会努力照得更远。

唤醒你的潜能，
生命就有另一种可能

如果有人对你说，你可以轻松地学会40种语言，背诵整本百科全书，拿12个博士学位。你可能会认为这是不可能的。

可以肯定地告诉你：你一定能！

潜能是人类最大而又开发得最少的宝藏！许多专家的研究成果告诉我们：每个人身上都有巨大的潜能没有开发出来。美国学者詹姆斯根据研究说：普通人只开发了他蕴藏能力的1／10，与应当取得的成就相比较，我们不过是半醒着的；我们只利用了自己身心资源中很小很小的一部分……科学家还发现，人类贮存在脑内的能力大得惊人，平常只发挥了极小部分的功能。要是人类能够发挥一大半的大脑功能，那么，上面所列的目标你就可以轻松达到！

不仅研究成果表明了人的潜力，许多事例也证明了人类确实有让人惊讶的潜能。

一位已被医生确定为残疾的美国人梅尔龙，靠轮椅代步已12年。他的身体原本很健康，19岁那年，在越南战场上被流弹打伤了背部的下半截，经过治疗，虽然逐渐康复，却没法行走了。

他整天坐轮椅，觉得此生已经完结，有时就借酒消愁。有一天，他从酒馆出来，照常坐轮椅回家，却碰上三个劫匪，动手抢他的钱包。他拼命呐喊拼命抵抗，却触怒了劫匪，他们竟然放火烧他的轮椅。轮椅突然着火，梅尔龙忘记了自己是残疾，他拼命逃走，竟然一口气跑完了一条街。事后，梅尔龙说："如果当时我不逃走，就必然被烧伤，甚至被烧死。我忘了一切，一跃而起，拼命逃跑，及至停下脚步，才发觉自己竟然是能够走动的。"现在，梅尔龙已在奥马哈城找到一份职业，他身体健康，能和常人一样走动。

两位年届70岁的老太太，一位认为到了这个年纪可算是人生的尽头了，于是便开始料理后事；另一位却认为一个人能做什么事不在于年龄的大小，而在于怎么个想法。于是，她在70岁高龄之际开始学习登山，随后的25年里一直冒险攀登高山，在她95岁高龄时，她登上了日本的富士山，打破了攀登此山的最高年龄纪录！

每个人的身上都蕴藏着一种特殊的才能，那种才能有如一个熟睡的巨人，等着我们将它唤醒，这个巨人就是潜能。

只要我们能将潜能发挥得当，我们也能成为牛顿，也能成为爱因斯坦。无论别人对我们评价如何，无论所面临的困难有多艰巨，只要我们相信自己，相信自己的潜能，我们就能有所成就。

唤醒你们无限潜能，让它像原子反应堆里的原子反应那样爆发出来，你就一定会有所作为，创造人生的奇迹。

咬紧牙关，
人生没有过不去的坎儿

　　天空不可能永远都是晴空万里、阳光明媚，我们的人生也一样，也会有阴云密布、狂风暴雨的时候。当你面临人生的沟沟坎坎时，仔细想想，世上哪个人没有自己的烦恼呢？

　　农民工的烦恼是：生活怎么这么艰苦，辛苦了一辈子，为这座城市盖起来高楼大厦，自己在城市中却没有落身之处……

　　教师的烦恼是：做春蚕化蜡烛，兢兢业业授课，循循善诱教诲学生，可工资还不如满身油腻味的屠夫……

　　画家的烦恼是：活着的时候，画反响不大，死了，作品反而更畅销了……

　　明星的烦恼是：娱乐圈不是那么好混的，成名要背后付出很多汗水，"台上一分钟，台下十年功"，不成名一辈子要跑龙套……

　　记者的烦恼是：我报道一个事件容易吗？早出晚归，有时为了得到独家新闻，整宿都不能合眼……

　　看看上面的情形，你会发现，每个人都会有自己的烦恼，如果一个人想不开，就无法让自己生活得开心、幸福。其实，生活中没有过不去的坎儿，一味地沉迷，只会让自己陷入深渊。

人生没有过不去的坎儿，走过了痛不欲生，才会更深地体会云淡风轻；走过了慢慢长夜，才能迎来黎明。无论遇到了什么，都坚持对自己说：生活，没什么大不了。

有一个禅宗故事，是这样的：

两个工作不如意的人心情特别低沉，感觉无法生活下去了，于是，一起去寺庙拜见师父，"师父，我们在办公室被欺负，太痛苦了，求你明示，我们是不是该辞掉工作？"两人一起问。

师父闭着眼睛，隔了半天，吐出五个字："不过一碗饭。"然后挥挥手，示意年轻人退下。

回到公司，一个人就递上辞呈，回家种田；另一个什么也没动，依旧在那家公司工作。

十年过去了。回家种田的以现代方式经营，加上品种改良，居然成了农业专家。另一个留在公司的，也不差，他忍着气，努力学，渐渐地受到器重，当上了经理。

有一天两人相遇了。

"奇怪，师父给我们同样'不过一碗饭'这五个字，我一听就懂了。不过一碗饭嘛，日子有什么难过的？何必硬靠在公司？所以辞职。"农业专家问另一个人，"你当时为何没听师父的话呢？"

"我听了啊，"那经理笑道，"师父说不过一碗饭，多受气，多受累，我想不过为了混碗饭吃，老板说什么是什么，少赌气，少计较，就成了，师父不是这个意思吗？"

同一句话，两个人的理解截然不同。因为这句话，最后他们都获得了成功。

这句话，其实就是告诉我们，再大的挫折也"不过一碗饭"，你如何对待，就在你的一念之间。

人生没有过不去的坎儿，只要我们有良好的心态，咬咬牙，任何困难都会过去的。

司马迁被无端剥夺了做男人的权利，但他却用《史记》证明了他是一个非凡的男人；爱迪生没有因念不起书而指天怨地，而是刻苦钻研，发明无数，名垂千古。只要我们坚信没有过不去的坎儿，就会有希望，我们就一定能够战胜困难。

人生没有过不去的坎儿，不过一念之间，人人都有好心情。

不对自己狠心，
生活对你将会加倍狠心

　　很多人在做一件事情不成功或者被批评的时候，总是会找种种借口，不停地抱怨别人，将所有的责任都推给别人。

　　其实，借口最容易扼杀人的进取精神，让人消极颓废。它更是一剂鸦片，让你不断地去品尝它，逐渐地让你变得心虚、懒惰，遇到困难就退缩，最终丧失执行的能力。一般来说，无能的人最爱给自己找借口，而优秀的人从不给自己找借口。

　　齐瓦勃出生在美国乡村，只受过很短的学校教育。18岁时，齐瓦勃来到钢铁大王卡内基所属的一个建筑工地打工。其他人在消极怠工，借口就是反正工资也不高，何必那么努力呢。齐瓦勃却默默地积累工作经验，并自学建筑知识。

　　一天晚上，同伴们在闲聊，只有齐瓦勃躲在角落里看书。那天，刚好公司经理到工地检查工作，经理看了看齐瓦勃手中的书，又翻了翻他的笔记本，什么也没说就走了。

　　第二天，公司经理把齐瓦勃叫到办公室，问："你学那些东西干什么？"

齐瓦勃说："我想我们公司并不缺少打工者，缺少的是既有工作经验又有专业知识的技术人员或管理者，对吗？"

经理点了点头。不久，齐瓦勃就被升任为技师。

有些打工者讽刺挖苦齐瓦勃，他却回答说："我不光是在为老板打工，更不单纯为了赚钱，我是在为自己的梦想打工，为自己的远大前途打工。我必须在工作中提升自己。我要使自己工作所产生的价值远远超过所得的薪水，只有这样我才能得到重用，才能获得机遇！"

抱着这样的信念，齐瓦勃一步步升到了总工程师的职位上。25岁那年，齐瓦勃做了这家建筑公司的总经理。

卡内基的合伙人琼斯是个天才工程师，在布拉德钢铁厂时，他发现了齐瓦勃超人的工作热情和管理才能。当时身为总经理的齐瓦勃，每天都是最早来到建筑工地。琼斯问齐瓦勃为什么总来这么早，他回答说："只有这样，当有什么急事的时候，才不至于被耽搁。"工厂建好后，琼斯推荐齐瓦勃做了自己的副手，主管全厂事务。两年后，琼斯在一次事故中丧生，齐瓦勃便接任了厂长一职。

因为齐瓦勃天才的管理艺术及认真的工作态度，布拉德钢铁厂成了卡内基钢铁公司的灵魂。因为有了这个工厂，卡内基才敢说："什么时候我想占领市场，市场就是我的，因为我能造出又便宜又好的钢材。"几年后，齐瓦勃被卡内基任命为钢铁公司的董事长。

从齐瓦勃的故事中不难看出，只要你兢兢业业地工作，在别人在为不努力工作而找借口的时候，你默默地提升自己的能力，那么幸运也就会自然而然地来临到你身上。

美国西点军校里有这样一种广为流传的悠久传统，就是遇到军官问话，只有四种回答："报告长官，是！""报告长官，不是！""报告长官，不知道！""报告长官，没有任何借口！"除此之外，不能多说一个字。"没有任何借口"是西点军校奉行的最重要的行为准则，它强化的是每一位学员想尽办法去完成任何一项任务，而不是为没有完成任务去寻何借口，哪怕是看似合理的借口。

"没有任何借口"，其目的就是为了让学员停止推诿责任，努力提升自己。面对失败，如果将下一步的工作做好了，失败就可以成为成功之母，这样一来，失败的借口就不用找了。

优秀的人从不抱怨，失败的人永远在寻找借口，当你不再为自己的失败寻找借口的时候，你离成功就不远了。

获得奖赏的，
都是能够战胜自己的人

人的一生，总是在与自然环境、社会环境、家庭环境做着适应的努力。因此有人形容人生如战场，勇者胜而懦者败；从生到死的生命过程中，所遭遇的许多人、事、物，都是战斗的对象。

其实自己的内心，往往不受自己的指挥，那才是最顽强的敌人。只有狠下心，努力克服自己内心的障碍，才能说是战胜了自己，而只有战胜了自己的人，才配得到上天的奖赏。

一个名叫阿齐姆的人，垂头丧气地走进了一家心理医师的诊疗室，向心理医师倾诉他一生不幸的遭遇。他说："我曾经历过无数的失败，在早年求学的时候，我没有一次的考试可以顺利过关；踏入社会以后，做过许多种生意，但都是以负债的方式收场，从来没有赚过钱；然后，在求职的过程中又四处碰壁，好不容易找了一份工作，也是没能做多久，就被老板开除了；现在，连我的老婆都无法再忍受我，要求跟我解除婚姻……"

心理医师问他："那么，你现在想怎么样呢？"阿齐姆万念俱灰地回答:"什么也不想,此刻,我只想一死了之。"

心理医师:"你有没有小孩?"

阿齐姆:"有呀,那又怎么样呢?"

听了阿齐姆的话,心理医师笑了笑,"还记得你是怎样教你的小孩走路的吗?从他第一次双手离开地面,颤颤巍巍地站起身来,是不是所有的家人都会为他的勇敢而喝彩,为他而鼓掌呢?"

阿齐姆似乎若有所悟地回答:"嗯……是的……"心理医师继续说道:"然后,孩子很快就又跌倒了,这个时候,你是不是会轻轻地将他扶起,告诉他'没有关系,再试一试,你会走得比上次更好!'"听到这里,阿齐姆的语气变得坚定了一些,"对,我会帮助他的。"

心理医师说:"孩子在走路的时候,跌跌撞撞的,经过无数次的练习,还是走得不稳。你会不会失去耐性,告诉他,最后再给他三次机会,如果他要是再学不会走路的话,以后终生都不准再走路,你干脆买个电动轮椅给他得了。"

阿齐姆说:"不会的,我会再帮助他、鼓励他,因为我始终相信,孩子是一定能够学会走路的!"心理医师说:"那就对了,你才跌倒几次,为什么就想要坐轮椅了呢?"

阿齐姆抗议道:"可是,作为一个小孩子,会有人协助他,提携他,而我呢?"

心理医师:"在你遇到困难的时候,真正能够帮助你、鼓励你的人是谁，难道此刻你还不知道吗？"

阿齐姆想了想，朝着心理医师重重地点了点头，然后，昂首阔步地走出了这家诊疗室。

看了这个短小的故事，你从中想到了些什么呢？如果把我们日常生活中所经历过的种种痛苦烦恼仔细分析一下的话，你就会发现，这些痛苦的来源有一大部分都是因为你无法战胜自己造成的，也就是说，你无法把握自己的心态。

当我们需要勇气的时候，我们首先要做的，是要战胜自己内心的软弱。需要洒脱的时候，我们首先要做的，是要战胜自己内心的执迷。需要勤奋的时候，我们首先要做的，是要战胜自己养成的懒惰。需要宽宏大量的时候，我们首先要做的，是要战胜自己的浅狭。需要廉洁的时候，我们首先要做的，是要战胜自己的贪欲。需要公正的时候，我们首先要做的，是要战胜自己的偏私。

这许多相互矛盾的名词——勇敢、软弱、洒脱、执迷、勤奋、懒惰、宽大、浅狭、廉洁、贪欲、公正、偏私……几乎经常同时占据着我们的生活。在这个世界上，没有绝对完美无缺的理想之人，当然，也很少有绝对不可救药的人，在每一个人的内心之中，都会或多或少地存在着上述的矛盾。

这些矛盾，在你遇到一件事情，需要你采取行动去应付的时候，它们往往就会同时出现。而当它们同时出现的时候，也就是你开始彷徨困惑、痛苦不堪的时候。你会做出什么样的决定，完全要归结于这两种矛盾的力量最后哪一边取得胜利。

想要把自己战胜并不是一件很容易的事情,它需要很大的勇气和坚定的信念。想一想看,你自己战胜自己的次数多吗?还是对自己时常姑息纵容了?

让自己陷入泥潭无法自拔,还是让自己充满希望地积极生活,其实一切都在于自己能否战胜自己。